最強 世界の歩兵装備図鑑

The INFANTRY EQUIPMENTS of the world

イラスト・解説／坂本 明

Gakken

はじめに

いつの時代も"戦争の主役"は歩兵である

　巨大な艦艇や洗練された航空機、あるいは強力な戦車と比べると、戦場を自分の足で機動する歩兵は、いかにも地味な存在に感じられるかもしれない。

　しかし、最も基本的な兵科である歩兵がいない軍隊はありえない。軍隊という組織そのものが、歩兵の存在なしでは成り立たないのである。

　どれだけ兵器が発達しようが、戦争の重要な局面は歩兵が担う。戦争を終わらせるのは砲撃や爆撃やミサイル攻撃ではなく、最終的には歩兵による敵拠点の制圧である。これは現代でも変わらない戦争の真理である。

　そして21世紀を迎え、対テロ戦争の時代となった現在では、むしろ歩兵の重要度は高まっているといえる。戦争の複雑化により、歩兵の役割は以前より拡大し、求められる能力も非常に高度なものとなっているのだ。

　そのため、各国の軍隊では歩兵の携行する装備——銃などの武器はもちろん、戦闘服から食糧、寝袋から携帯トイレにいたるまで、実に多様なものが研究開発され、実戦へ投入されている。おそらくこれは、戦争がなくならない限り今後も続けられるであろう。歩兵は、敵を倒すための武器と自分の生活用品を一緒に携行して戦うからだ。

　本書では一般歩兵に加え空挺部隊や特殊部隊、さらに陸軍以外の歩兵も含めた様々な装備について解説している。武器や戦闘装備に限らず、戦場における食事や衛生、医療などについてもページを割いている。これらのジャンルは内容が興味深いだけでなく、どんな兵士であっても人間であるということが実感できるのではないかと思う。また最終章では、急激な発達を見せているロボット兵器や近未来の歩兵装備についても述べることとした。

　本書の執筆にあたっては、イラストや写真を多用してわかりやすくまとめるとともに、単なるカタログ・データを超えた内容となるよう心がけた。

　歩兵の装備については、特に筆者自身が長年にわたって追求してきたテーマでもあり、本書はひとつの集大成であると考えている。本書を手にしてくれた読者諸氏も同じように感じていただければ、筆者としてこれ以上の喜びはない。

坂本　明

最強 世界の歩兵装備図鑑 CONTENTS

はじめに　いつの時代も"戦争の主役"は歩兵である ……………………… 9

第1章　小火器　　　　　CHAPTER 1 Small Arms

01	アサルト・ライフル(1)	ライフルは"歩兵の最良の友"	18
02	アサルト・ライフル(2)	ドイツが生み出した"突撃銃"	20
03	アサルト・ライフル(3)	突撃銃のベストセラーAK-47	22
04	アサルト・ライフル(4)	AKシリーズのバリエーション①	24
05	アサルト・ライフル(5)	小口径化されたAK-74	26
06	アサルト・ライフル(6)	AKシリーズのバリエーション②	28
07	アサルト・ライフル(7)	AKシリーズのバリエーション③	30
08	アサルト・ライフル(8)	AKシリーズのバリエーション④	32
09	アサルト・ライフル(9)	AKのライバル・M16ライフル	34
10	アサルト・ライフル(10)	M16シリーズのバリエーション	36
11	アサルト・ライフル(11)	M16シリーズの最高傑作M4A1	38
12	アサルト・ライフル(12)	オーソドックスで革新的なG36	40
13	アサルト・ライフル(13)	ブルパップ式ライフルの構造	42
14	アサルト・ライフル(14)	フランスのブルパップ式ライフル	44

15	アサルト・ライフル(15)	自衛隊の64式小銃と89式小銃	46
16	アサルト・ライフル(16)	特殊部隊で高評価のFN SCAR	48
17	アサルト・ライフル(17)	汎用性の高いFN SCAR	50
18	アサルト・ライフル(18)	特殊部隊専用ライフルの特徴とは	52
19	バヨネット(銃剣)	ライフルの先端に取り付ける武器	54
20	銃のハイテク装備	銃のアクセサリーは飾りじゃない	56
21	銃のレール・システム	アクセサリーの取り付け台とは	58
22	ハンドガン	護身用から近接戦闘の主役へ	60
23	銃の口径と弾薬	弾薬=あらゆる銃のパワーの実体	62
24	手榴弾と迫撃砲	長い歴史を持つ歩兵の基本装備	64
25	グレネード・ランチャー(1)	グレネードをライフルで発射する	66
26	グレネード・ランチャー(2)	歩兵の火力を大幅アップする兵器	68
27	グレネード・ランチャー(3)	ロシア軍のグレネード・ランチャー	70
28	グレネード・ランチャー(4)	進化するグレネード・ランチャー	72
29	対戦車兵器(1)	戦車以外にも使える汎用兵器	74
30	対戦車兵器(2)	ロシアの対戦車ロケット・ランチャー	76
31	スナイパー(狙撃兵)	戦場の狩人・スナイパーとは	78
32	スナイパー・ライフル(1)	狙撃銃というより狙撃システム	80
33	スナイパー・ライフル(2)	マークスマン・ライフルとは	82
34	スナイパー・ライフル(3)	強力なアンチ・マテリアル・ライフル	84

35	ショットガン	近距離で絶大な威力を発揮する銃	86
36	マシンガン(1)	火力不足を補強するマシンガン	88
37	マシンガン(2)	分隊支援火器と汎用機関銃	90
38	マシンガン(3)	様々な機関銃と運用法の違い	92
39	歩兵部隊の基本単位	基本戦闘単位は歩兵小隊	94
40	歩兵の基本戦術(1)	戦闘時の射撃と機動のテクニック	96
41	歩兵の基本戦術(2)	戦闘時の射撃と機動の注意点	98
42	歩兵の基本戦術(3)	歩兵が中心となる市街地戦闘	100

第2章 戦闘装備　CHAPTER 2 Combat Equipments

01	迷彩戦闘服(1)	迷彩といえばウッドランド	104
02	迷彩戦闘服(2)	デジタル迷彩パターンの戦闘服	106
03	迷彩戦闘服(3)	あらゆる地形に対応できる迷彩服	108
04	迷彩戦闘服(4)	アメリカ海兵隊独自の迷彩服	110
05	個人装備の携行(1)	個人携行装備を変えたIIFS	112
06	個人装備の携行(2)	画期的なMOLLEシステム	114
07	個人装備の携行(3)	特殊部隊が好む携行システム	116
08	個人装備の携行(4)	タクティカル・ベストとは	118
09	ボディ・アーマー(1)	代表的な防弾装備の構造とは	120
10	ボディ・アーマー(2)	アメリカ陸軍の新型防弾装備	122
11	股間防護システム	下半身用ボディ・アーマー	124

12	**ヘルメット(1)**	素材革命が変えたヘルメット	126
13	**ヘルメット(2)**	高い機能性を持つ戦闘ヘルメット	128
14	**ヘルメット(3)**	海兵隊のヘルメットは独自路線	130
15	**軍用ブーツ**	歩兵の足を保護する重要ツール	132
16	**軍用無線機(1)**	軍用無線機の使用電波	134
17	**軍用無線機(2)**	司令部とつながるマンパック型無線機	136
18	**軍用無線機(3)**	仲間とつながる個人用携帯無線機	138
19	**ヘッドセットと電子装備**	骨伝導マイク、GPS、軍用パソコン	140
20	**各国の歩兵装備(1)**	アメリカ陸軍の歩兵装備	142
21	**各国の歩兵装備(2)**	イギリス陸軍の歩兵装備	144
22	**各国の歩兵装備(3)**	ドイツ連邦陸軍の歩兵装備	146
23	**各国の歩兵装備(4)**	陸上自衛隊普通科部隊の装備	148

第3章 生存装備　　CHAPTER 3 Survival Equipments

01	**水分補給装置**	ハイドレーション・システムとは	152
02	**歩兵の食事事情(1)**	戦場で兵士が食べるレーション	154
03	**歩兵の食事事情(2)**	ユニット式グループ配給食とは	156
04	**歩兵の食事事情(3)**	使われなくなったメス・キット	158
05	**歩兵の食事事情(4)**	コンテナ化された移動キッチン	160
06	**歩兵の食事事情(5)**	フィールド・キッチンは兵士の味方	162
07	**歩兵のシェルター**	戦士の休息を支える重要装備	164

最強 世界の歩兵装備図鑑 CONTENTS

- **08 戦場の公衆衛生** 病気で戦闘不能にならないために ……………… **166**
- **09 コンバット・メディック(1)** 戦闘員でもある医療兵とは ……………… **168**
- **10 コンバット・メディック(2)** 医療兵の持つ医療装備と医薬品 ……………… **170**

第4章 特殊装備　CHAPTER 4 Special Equipments

- **01 暗視装置と赤外線映像装置** 夜間の監視や戦闘に不可欠な装備 ……………… **174**
- **02 ガス・マスク** 着用感がよくなったガス・マスク ……………… **176**
- **03 NBCスーツ** 汚染環境から全身を防護する服 ……………… **178**
- **04 EODスーツ** 究極のボディ・アーマーとは ……………… **180**
- **05 ギリー・スーツ** 擬装の名人・スナイパーの必需品 ……………… **182**
- **06 パラシュート(1)** パラシュートの種類と構造 ……………… **184**
- **07 パラシュート(2)** 空から奇襲する空挺部隊の装備 ……………… **186**
- **08 パラシュート(3)** 空挺兵は一般歩兵より軽装備 ……………… **188**
- **09 パラシュート(4)** 新型パラシュートT-11の特徴 ……………… **190**
- **10 パラシュート(5)** 特殊作戦はフリー・フォール降下 ……………… **192**
- **11 装甲強化型ハンヴィー** 高機動装輪車両の増加装甲キット ……………… **194**
- **12 耐地雷車両(1)** 爆弾攻撃に耐える戦闘車両とは ……………… **196**
- **13 耐地雷車両(2)** 地雷爆発に耐える車体構造 ……………… **198**
- **14 耐地雷車両(3)** 全地形対応車両に求められるもの ……………… **200**
- **15 機械化歩兵部隊** 戦車と共に戦える歩兵戦闘車 ……………… **202**
- **16 ストライカー装甲車両(1)** 旅団戦闘団の中核を成す車両 ……………… **204**

| 17 | **ストライカー装甲車両(2)** | ストライカー・ファミリー | 206 |
| 18 | **レーザー照射装置** | 強力な兵器を標的に誘導する装置 | 208 |

第5章 未来の歩兵装備　CHAPTER 5 Future Infantry Equipments

01	**軍用ロボット(1)**	実戦投入されているロボット兵器	212
02	**軍用ロボット(2)**	歩兵部隊が使う空のロボット兵器	214
03	**軍用ロボット(3)**	鳥や昆虫のように羽ばたくロボット	216
04	**先進歩兵戦闘システム(1)**	デジタル歩兵ランド・ウォーリアー	218
05	**先進歩兵戦闘システム(2)**	フランス軍のフェリン・システム	220
06	**先進歩兵戦闘システム(3)**	難易度の高い市街地戦闘で活躍	222
07	**先進歩兵戦闘システム(4)**	究極の歩兵ソルジャー2025	224
08	**光学迷彩**	究極の迷彩は透明人間	226
09	**パワード・エクソスケルトン**	歩兵をパワー・アシストする装置	228
10	**XM8戦闘ライフル・システム**	先進的なアサルト・ライフルだが	230
11	**XM29 OICW**	新世代歩兵用ライフルは失敗作	232

●写真：Department of Defense、U.S. ARMY、NATICK、U.S. MARINES、U.S. NAVY 、U.S. AIRFORCE、陸上自衛隊ホームページ

CHAPTER 1
Small Arms

第1章

小火器

"歩兵の最良の友"アサルト・ライフルからハンドガン、手榴弾、
グレネード・ランチャー、スナイパー・ライフル、マシンガンまで。
ここでは歩兵が用いる小火器を、使い方も含めて見ていく。

01. アサルト・ライフル(1)

ライフルは"歩兵の最良の友"

　歩兵の携行する装備に無駄なものは1つもないが、歩兵を歩兵たらしめている装備といえば、なんといってもライフル(小銃)である。

　ボルト・アクション・ライフル(1発撃つごとにボルトを操作して空薬莢を排出し、次弾を装填する)からセミ・オートマチック・ライフル(トリガー[引き金]を1回引くごとに1発発射する半自動小銃)、そして現在の標準装備となっているアサルト・ライフルと、武器としてのライフルは大きな進化を遂げてきた。

　しかし、ライフルが歩兵の主力火器であり"歩兵の最良の友"であることは、現在も変わっていない。

● M1ライフル(M1ガーランド)

ガーランドの愛称で知られるM1ライフルは、1957年にM14ライフルが採用されるまでアメリカ軍の主力ライフルだった。第二次大戦中にセミ・オートマチック・ライフルを歩兵部隊に全面的に配備できたのはアメリカ軍だけである。特徴的なのが8発の弾薬を専用のローディング・クリップにまとめて銃に装填する給弾方式で、クリップが装填されると自動的にボルトが閉鎖される。全弾を撃ちつくすとクリップは自動的に排出される。日本の自衛隊でも、初期にはM1ライフルがアメリカ軍から供与されていた。
全長：1108ミリ、重量：4300グラム、口径：7.62ミリ(30-06スプリングフィールド弾)、装弾数：8発。(イラストはハンマー[撃鉄]が起こされた発射準備状態)

- 弾薬(薬室に装填された状態)
- ファイアリング・ピン
- ハンマー(引き起こされた状態)
- シア(ハンマーを固定した状態)
- 弾薬
- フロアー・スライド
- トリガー(引き金)
- ローディング・クリップ
- ハンマー・スプリング
- フロアー・ロッド
- ボルト(弾薬を薬室に込めて閉鎖した状態)

第1章 小火器
第2章 戦闘装備
第3章 生存装備
第4章 特殊装備
第5章 未来の歩兵装備

＊ライフル＝もともとは銃身内に刻まれた数条の溝(腔綫：こうせん)のことだったが、やがて銃の種類(小銃)を意味するようになった。腔綫はライフリングと呼ばれている。

Small Arms

"The Rifleman's Creed"

This is my rifle. There are many like it, but this one is mine.
My rifle is my best friend. It is my life.
I must master it as I master my life.
My rifle, without me, is useless.
Without my rifle, I am useless.

『銃手信条』
これぞ我が銃。似たるものは数多くあれど、
これこそが我が銃。
我が銃は最良の友。それは我が命。
我、自らの命を支配するごとく、我が銃を支配する。
我なき銃は役立たず。
銃なき我も役立たずなり。

第二次大戦中に海兵隊の少将が書いた『ライフルマンズ・クリード』(実際にはもっと長い)。「海兵隊員みな銃手」をモットーとするアメリカ海兵隊の教義である。

▲M1ガーランドに装填するアメリカ海兵隊の兵士

- バレル(銃身)
- オペレーティング・ロッド
- オペレーティング・ロッド・スプリング
- フォローイング・ロッド
- ガス・ロック
- オペレーティング・ロッド・スプリング
- ガス・ポート
- ガス・シリンダー

▼ソ連軍のPTRD1941対戦車ライフル

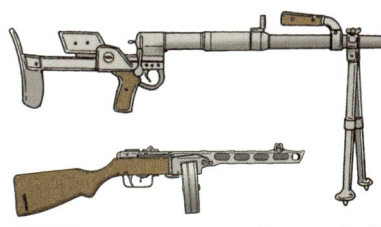

(同縮尺のPPsh1941サブマシンガン)

● 対戦車ライフル

第一次世界大戦で戦車が出現した際、対抗兵器として急遽投入されたのが対戦車ライフルであった(同縮尺のサブマシンガンと比べると巨大さがわかる)。やがて戦車の装甲技術の発達により対戦車ライフルの出番はなくなったが、大口径狙撃銃の系譜は、現在のアンチ・マテリアル・ライフルへと受け継がれている。

*アンチ・マテリアル・ライフル=P.84参照。

第1章 小火器

CHAPTER 1

02. アサルト・ライフル(2)

ドイツが生み出した"突撃銃"

　現代の歩兵の標準装備となっているアサルト・ライフルの原型は、第二次大戦中にドイツが独自に開発したものだ。実際の歩兵戦闘が50〜300メートルほどの距離で行なわれることが最も多いという現実に即し、ライフルとサブマシンガン(短機関銃)の機能を合わせ持った新しい銃、というコンセプトのもとに開発されたのが"シュツルムゲヴェーア(突撃銃)*"である。

　突撃銃の開発において問題になったのは弾薬だった。ライフル弾では威力がありすぎて連射機構に向かず、さりとてピストル弾では威力が弱い。戦時中のドイツにはまったく新しい弾薬を開発する余裕はなかったため、従来の7.92ミリ弾の生産ラインを流用する方法が採られた。こうして7.92ミリ×33クルツパトローネ(短小弾)*を使用するStG44(44年式突撃銃)が誕生したのである。

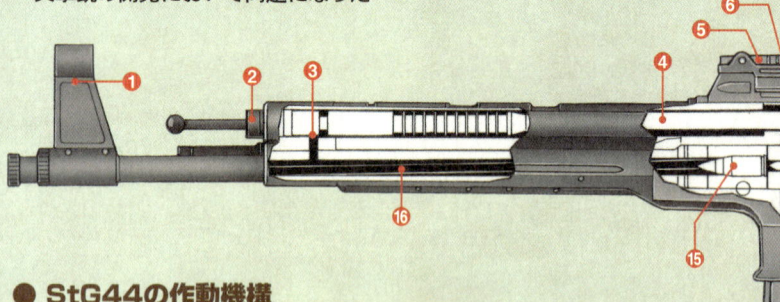

● StG44の作動機構

StG44はガス圧作動式のオートマチック・ライフル。トリガーを引くとシアによってコックされていた(引き起こされていた)ハンマーが解除され、ファイアリング・ピンの後端を叩く。ファイアリング・ピンは直進して薬室内の弾薬底部を突いて撃発させる。そして弾薬に詰められた火薬の燃焼ガスによって弾丸が発射されるが、このときバレル内のガスの一部がガス・ポートから上部のシリンダーへと流れ、ガス圧でピストンが後退する。ピストンの後端はボルトに連結されているのでボルトも一緒に後退して排莢を行ない、後退しきったボルトはリコイル・スプリングにより前進して次弾を薬室へ装填する。そして再び撃発、という手順が繰り返される。連射と単射はシアがハンマーを制御することで行なう。全長：940ミリ、重量：5220グラム、装弾数：30発。

＊シュツルムゲヴェーア(Sturmgewehr)＝英語圏ではアサルト・ライフル(Assault Rifle)と訳された。
＊クルツパトローネ(Kurzpatrone)＝口径は7.92ミリ×57ライフル弾と同じだが、全長が3分の2の長さとなり、火薬量が減って発射時のエネルギーは半分程度になった。

Small Arms

StG44は短小弾を使用することで携行弾数の増加と反動の軽減を図り、セミオート(単射)／フルオート(連射)の切り換えが可能な自動小銃だ。前線の兵士の評判はよかったが、生産数が少なく全軍に行き渡ることはなかった。政治的な理由から、StG44は製造時期により同じ銃がMP43、MP44と名称が変わっている。

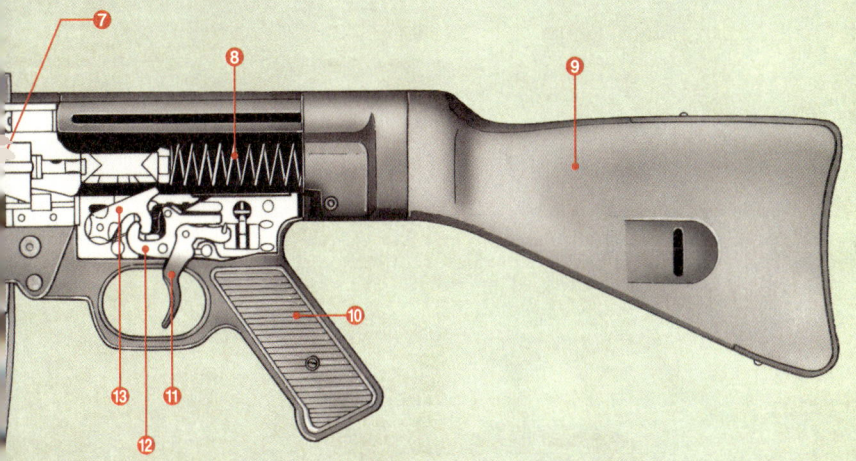

●StG44の外観

❶フロント・サイト　❷ガス・プラグ　❸ガス・ポート　❹シリンダー・ピストン　❺リア・サイト　❻ボルト　❼ファイアリング・ピン　❽リコイル・スプリング　❾銃床　❿グリップ　⓫トリガー(引き金)　⓬シア　⓭ハンマー　⓮弾倉　⓯薬室　⓰バレル(銃身)

第1章 小火器

03. アサルト・ライフル(3)

突撃銃のベストセラーAK-47

　ドイツのStG44の多大な影響を受けて開発された旧ソ連のAK-47は、共産圏を代表するアサルト・ライフルとして知られる。7.62ミリ×39.5(M43)弾という短い弾薬を使用し、セミオート／フルオートの切り替え射撃ができる。西側のライフルと比較すると精度は落ちるものの、とにかく頑丈で、手荒く扱っても確実に作動することが最大の特徴である。

　AKシリーズは様々なバリエーションが作られ、旧東側諸国のみならず中東やアフリカでもライセンス生産やコピーが作られている。これまでの生産数は1億挺以上といわれ、世界の紛争地帯で最もポピュラーな銃である。

◀AK-47 Ⅲ型各部名称

主要部位：レシーバー・デッキ・ロック(ガス・リテイニング・ブロック)／セレクター(コッキング・ハンドル後退のための隙間のダスト・カバーを兼ねる)／リア・サイト／ハンドガード(上部)／フロント・サイト／ガス・シリンダー／バレル(銃身)／ショルダー・ストック／バット・プレート／レシーバー／トリガー(引き金)／グリップ(銃把)／マガジン・キャッチ／マガジン(弾倉)／コッキング・ハンドル／ハンドガード(下部)／テイクダウン・ラッチ／クリーニング・ロッド

▲AK-47 Ⅲ型のフィールド・ストリッピング(野戦分解)

分解図部品：ボルト・キャリア・カバー／ボルト・キャリア・グループおよびガス・ピストン／リコイル・スプリングおよびガイド・リテイニング・ブロック／ガス・シリンダーおよびハンドガード(上部)／ボルト／クリーニング・ロッド／レシーバー・グループ(ショルダー・ストック部)／ハンドガード(下部)／マガジン

*AK＝アブトマット・カラシニコバ(カラシニコフの自動小銃)の意味。カラシニコフは設計者の名前。

Small Arms

●AK-47 Ⅲ型の分解手順

❶ コッキング・ハンドルを引いてハンマーをコックした後、クリーニング・ロッドを外す

❷ マガジン・キャッチを押してマガジンを外し、セレクターをフルオートかセミオートの位置にセットする。この時薬室内の残弾を確認しておく

❸ レシーバー・デッキ・ロック(ガイド・リテイニング・ブロック後端部)を押しながら、ボルト・キャリア・カバーを持ち上げる

❹ ボルト・キャリア・カバーを引き上げるようにして後端へずらして外す

❺ リコイル・スプリングが通ったガイド・リテイニング・ブロックの後端を前方に押し、レシーバーの溝から外す

❻ ボルト・キャリアを後退させ、レシーバー上方に持ち上げながら後方へ抜き出す

❼ ボルト・キャリアからボルトを外す

ボルト・キャリア
ボルト
ガス・ピストン
ボルト

❽ テイクダウン・ラッチを上方へ引き上げ、ハンドガード(上部)およびガス・ピストンを外す。ハンドガード(下部)を下方へ引き下ろしながら前方へ抜き出す

第1章 小火器　23

04. アサルト・ライフル(4)

AKシリーズのバリエーション①

▲カラシニコフ・モデル 1942試作サブマシンガン

ミハイル・カラシニコフが第二次大戦中に開発した最初のサブマシンガン。PPSh-42と競作された銃だが、採用されなかった。性能自体はPPSh-42よりよかったといわれており、当時カラシニコフが設計局では新人だったことが不採用の理由だった。

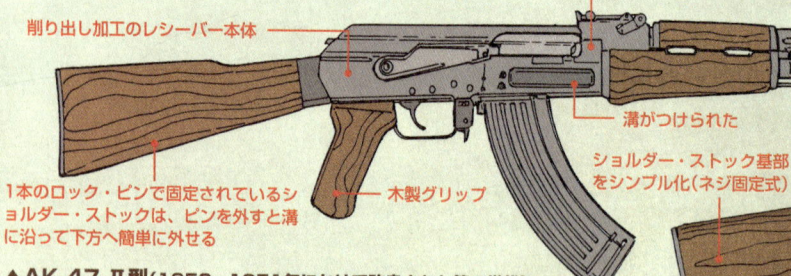

- 削り出し加工のレシーバー本体
- 刻印に造兵廠マークが入る（反対側）
- 溝がつけられた
- ショルダー・ストック基部をシンプル化（ネジ固定式）
- 1本のロック・ピンで固定されているショルダー・ストックは、ピンを外すと溝に沿って下方へ簡単に外せる
- 木製グリップ

▲AK-47 Ⅱ型（1950～1951年にかけて改良された第二世代）
口径：7.62ミリ×39　全長：870ミリ　銃身長：416ミリ　発射速度（連射）：毎分710発　重量：4125グラム

- バット・プレート下方にクリーニング・キットを入れるためのドアが付く
- プレス加工のレシーバー本体（生産性の効率化のため）
- グリップ（ストック、グリップ、ハンドガードなどが合板製となり強化された）
- リア・サイトが最大1000メートルまで延長
- ハンドガード側面の形状を変更

▲AKM（1959年に制式化されたAK-47の近代化モデル）
口径：7.62ミリ×39　全長：898ミリ　銃身長：436ミリ　発射速度（連射）：毎分710発　重量：3290グラム

Small Arms

▼AK-47 Ⅰ型（1949年制式採用）

- プレスした本体とスチール・ブロックをリベットで固定した本体の2種類ある
- タンジェント・タイプのリア・サイト（100～800メートルまでの調節が可能）
- 手加工の刻印
- プラスチック製グリップ

口径：7.62ミリ×39　全長：862ミリ　銃身長（銃身の長さのこと）：416ミリ　発射速度（連射）：毎分600発　重量：4085グラム

▼AK-47 Ⅲ型
（1953年に登場以来、最も多く生産された型）

口径：7.62ミリ×39　全長：877ミリ　銃身長：416ミリ　発射速度（連射）：毎分710発　重量：3900グラム

- 削り出し加工のレシーバー本体（より簡略化された）
- 30連マガジンが変形しないようにリブの形状を変えた
- 省略された強化リブ

▼AKS-74U
（AK-74のショート・バージョン型）

口径：5.45ミリ×39　全長：726ミリ（ストック折りたたみ時：488ミリ）　銃身長：270ミリ　発射速度（連射）：毎分800発　重量：2730グラム

- マズル部にマズル・サプレッサーが付く
- ブリッツ・タイプのリア・サイト
- 折りたたみ式のメタル・ストック
- 特殊部隊や空挺部隊での使用のため全長を短くした
- ボルトを正常に作動させるための発射ガス拡散室を備えたフラッシュ・ハイダー。発射速度もAK-74の毎分650発から毎分800発と速くなっている

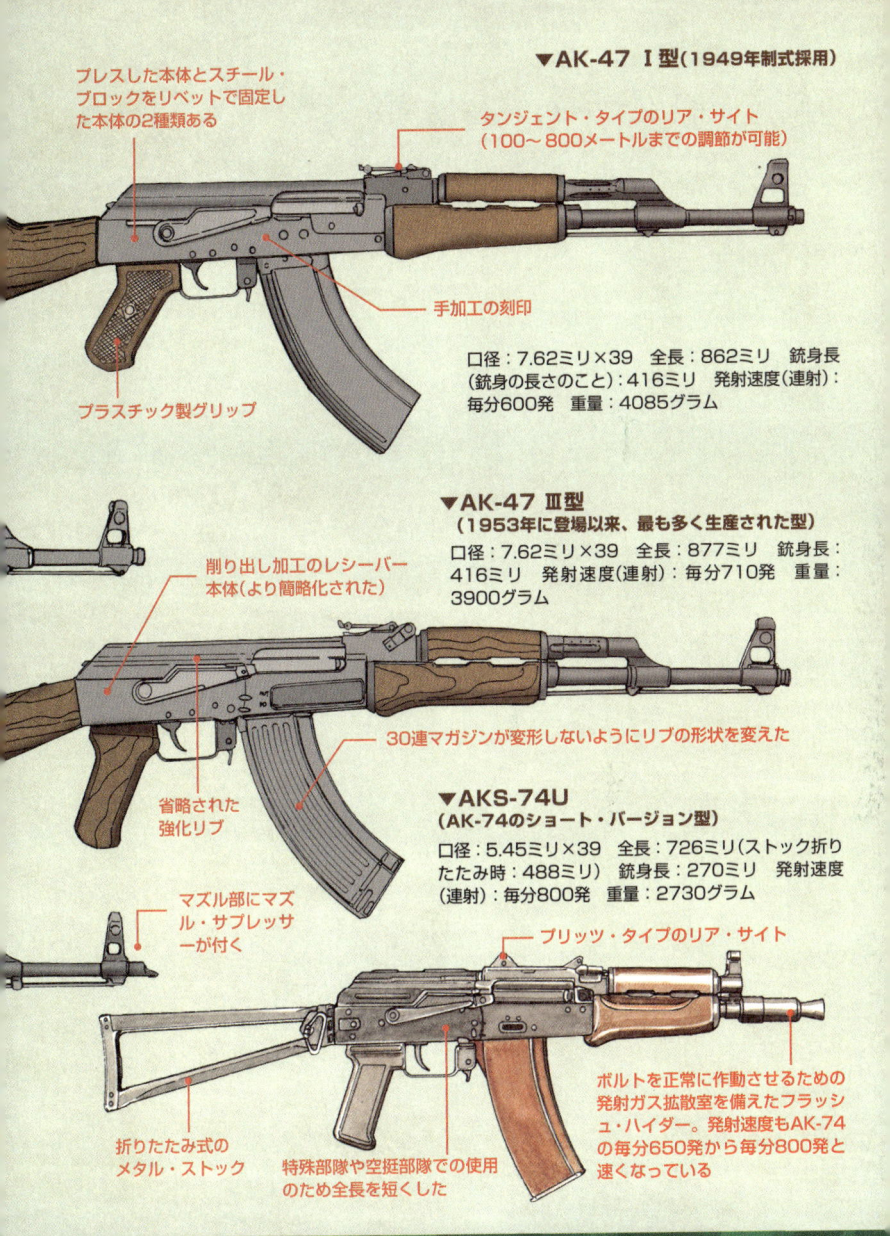

第1章 小火器

05. アサルト・ライフル(5)

小口径化されたAK-74

1974年に旧ソ連軍が採用、現在もロシア軍の制式銃として使用されているAK-74は、AK-47の系列に替わるアサルト・ライフルとして開発された。小口径化して、5.45ミリ×39弾を使用するようになったことが特徴。

それまでのAK-47や近代化モデルのAKMで使用していた7.62ミリ×39弾は、殺傷力は強力だが反動が大きく、着弾点が安定しないという欠点があった。そこで使用弾薬を小口径弾に変更(アメリカ軍のM16が使用する5.56ミリ×45弾に触発されたためでもあった)、AKMをベースに開発されたのがAK-74だ。全長：940ミリ、重量：3415グラム、装弾数：30発。

●AK74各部名称

AK-74の作動はガス圧作動式。銃の右側のコッキング・レバーを引いてボルトを動かすと、ハンマーが起こされるとともに薬室へ弾薬が装塡され閉鎖、発射準備完了となる。右イラストは単発射撃でトリガーを引いた後の各部の働きを示したもの。フルオート射撃の時はボルトが前方へ動くたびにセフティ・シアがハンマーを解放するようになっており、トリガーを引いている限り弾丸が連続して発射される。

❶銃床 ❷レシーバー(射撃セレクターとセフティ・キャッチャーを兼ねる) ❸リコイル・スプリング ❹ハンマー ❺ピストン・エクステンション(ボルト・キャリアが内蔵されている) ❻ボルト ❼ファイアリング・ピン ❽薬室 ❾リア・サイト ❿ガス・シリンダー・リテイナー ⓫ガス・ピストン ⓬ガス・ポート ⓭フロント・サイト ⓮マズル・コンペンセイター ⓯バレル ⓰クリーニング・ロッド ⓱マガジン ⓲マガジン・リリース ⓳セフティ・シア ⓴トリガー・シア ㉑トリガー ㉒レシーバー ㉓グリップ

Small Arms

旧ソ連製のAKMを改良した銃を使用するアフガニスタン軍兵士。レール・システムを取り付け、様々なアクセサリーを装着できるようになっている。

▼AK-74の作動メカニズム

❶トリガーを引き、ハンマーを解放する

❷ハンマーはファイアリング・ピンを叩き、弾薬を撃発させる。ハンマーはガス圧力で後退するボルトで再び引き起こされる

❸ファイアリング・ピンが弾薬を撃発させる

❹弾丸発射時の燃焼ガスは高圧になる

❺発射された弾丸

❻燃焼ガスはガス・ポートからシリンダー内部へ噴出する

❼燃焼ガスのガス圧でガス・ピストンが後退する

❽ガス圧で後方へ押されたガス・ピストンによりピストン・エクステンションがボルトとともに後退するが、リコイル・スプリングで再び前方へ戻る

❾ガス圧で後退したボルトはハンマーを再び引き起こす。後退するボルトは回転しながら薬莢を薬室から抜き出し、排出する

第1章 小火器

CHAPTER 1

06. アサルト・ライフル(6)

AKシリーズのバリエーション②

▼AKSM(AKMのメタル・ストック型)

ショルダー・ストックを折りたたみ式のメタル・ストックに変更(メタル・ストックの軸はストッパーを兼用)

口径:7.62ミリ×39　全長:913ミリ(ストック折りたたみ時:659ミリ)　銃身長:435ミリ　発射速度(連射):毎分710発　重量:3510グラム

AKMと区別するためショルダー・ストックに太い溝がある

サイド・スイング方式に折りたたむことができるメタル・ストック。ストックはプレス加工したスチール・プレートを組み合わせて電気溶接したもの

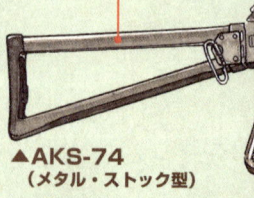

プラスチック製マガジン(30連)

▲AKS-74
(メタル・ストック型)

口径:5.45ミリ×39　全長:956ミリ　銃身長:475ミリ　発射速度(連射):毎分650発　重量:3450グラム

プラスチック製のショルダー・ストック

▼ニコノフAN-94アバカン

AN-94は長い間使用されてきたAKシリーズ(現用はAK-74 M)に替わるロシア軍の制式アサルト・ライフル。口径5.45ミリ×39、ガス圧作動式の銃だが、構造はAKシリーズの流れを汲んでいない。発射速度の高い2点バースト機能(1度引き金を引くと2発発射する)を持つ。性能は優れているようだが、生産コストが高く、配備があまり進んでいないようだ。全長:943ミリ、重量:3850グラム。

Small Arms

5.45ミリ×39弾 ▶

AK-74が使用するこの弾丸は、弾芯の前半部に鋼鉄、後半部に鉛が入っている。間に特殊な空洞を作ることで、命中時のストッピング・パワーが高められている。

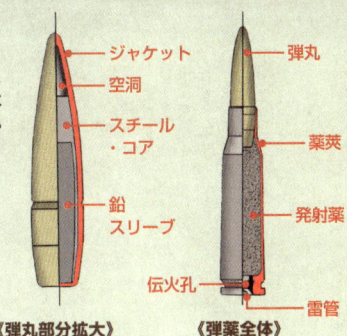

- ジャケット
- 空洞
- スチール・コア
- 鉛スリーブ
- 伝火孔
- 弾丸
- 薬莢
- 発射薬
- 雷管

《弾丸部分拡大》　《弾薬全体》

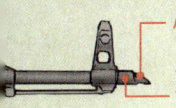

- 小型のマズル・サプレッサーの採用
- サイレンサーなどを装着するためのマズル・リングが付く（初期型のみ）

▼AK-74
（1974年採用の小口径化モデル）

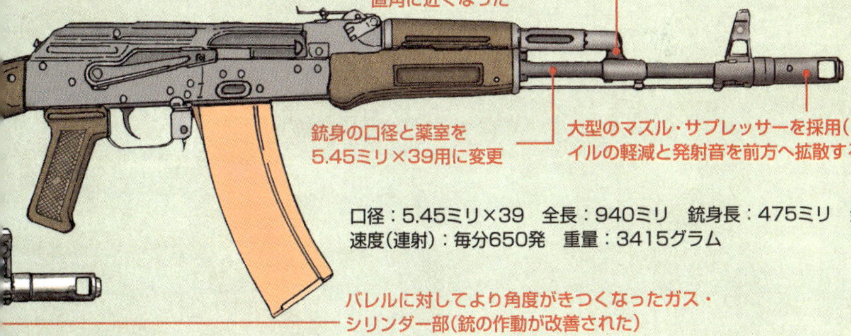

- ガス・ポートの角度が直角に近くなった
- 銃身の口径と薬室を5.45ミリ×39用に変更
- 大型のマズル・サプレッサーを採用（リコイルの軽減と発射音を前方へ拡散する）

口径：5.45ミリ×39　全長：940ミリ　銃身長：475ミリ　発射速度（連射）：毎分650発　重量：3415グラム

- バレルに対してより角度がきつくなったガス・シリンダー部（銃の作動が改善された）
- 耐熱プラスチック製のハンドガード

▲AK74M
（1991年採用のAK74近代化バージョン）

- 識別と補強のためのリブが付いたマガジン

▶AKM、AK-74用バヨネット（銃剣）

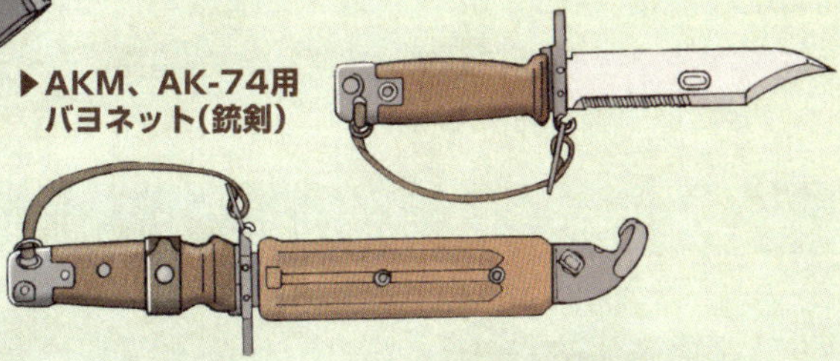

第1章　小火器

07. アサルト・ライフル(7)

AKシリーズのバリエーション③

▼アル・カズ(イラク)

湾岸戦争当時、イラクで生産された分隊支援火器。AK-47を大型化したもので、プレス加工ではない削り出しのレシーバーが使用されていた。7.62ミリ×39弾を使用する。バレル下面に二脚を装備。全長：1024ミリ、重量：4200グラム、装弾数：30発、発射速度：毎分600発。

▼AIM(ルーマニア)

ルーマニアで生産されたAKMのライセンス・モデル。3点バースト機能が追加されている。外見の特徴は、レシーバーのハンドガード部がフルオート射撃時の反動を押さえるため、ピストル・グリップになっていることだ。

Small Arms

　AKシリーズは世界各国で製造されているが、ライセンス生産モデルから密造に近いものまであり、生産国により仕様が様々で統一規格がないのが実情である。

　また、フィンランドのヴァルメ（Rk62）やイスラエルのガリルなど、AKの構造を参考にして開発された銃も数多く見られる。

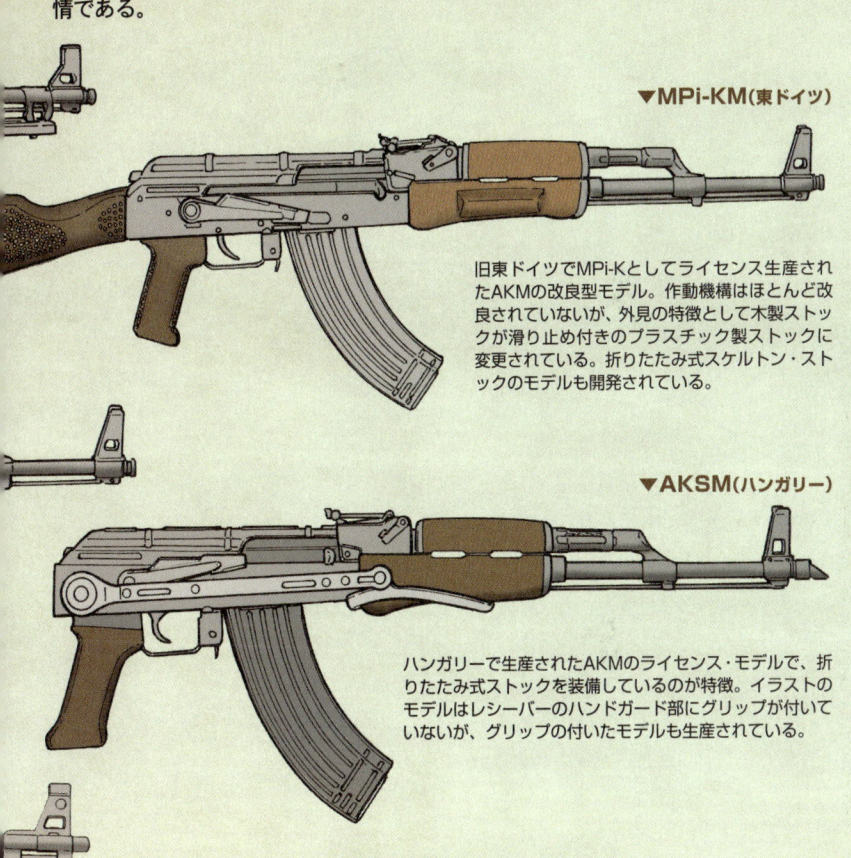

▼MPi-KM（東ドイツ）

旧東ドイツでMPi-Kとしてライセンス生産されたAKMの改良型モデル。作動機構はほとんど改良されていないが、外見の特徴として木製ストックが滑り止め付きのプラスチック製ストックに変更されている。折りたたみ式スケルトン・ストックのモデルも開発されている。

▼AKSM（ハンガリー）

ハンガリーで生産されたAKMのライセンス・モデルで、折りたたみ式ストックを装備しているのが特徴。イラストのモデルはレシーバーのハンドガード部にグリップが付いていないが、グリップの付いたモデルも生産されている。

◀56式自動歩槍（中国）

ソ連のAK-47 Ⅲ型を中国でライセンス生産したアサルト・ライフルが56式歩槍（小銃）。外見も内部機構もほとんどAK-47と変わらないが、バレル下面に折りたたみ式のバヨネット（銃剣）が装備されているの特徴。全長：892ミリ、重量：3900グラム、装弾数：30発。

08. アサルト・ライフル(8)

AKシリーズのバリエーション④

　AKシリーズは、それほど訓練の行き届いていない兵士でも、射撃や分解整備といった銃の基本的な取り扱いが簡単に覚えられる。銃を初めて手にした人間が1週間程度で完全にマスターできるという。また非常に堅牢であり、寒冷地や高湿度地、砂漠など悪条件下でも確実に作動するほど信頼性が高い。

▼M82ブルパップ式(フィンランド)

フィンランド軍が1962年に制式採用したRkm62アサルト・ライフルは、AK-47の構造をベースとして開発されたものだった。Rkm62の発展型Rkm62-76をブルパップ式に発展改良したのがM82である。ブルパップ型ながらレシーバーを始めとする基本構造はRkm62のものがそのまま使用されている。輸出用として開発されたが、軍用としてはどこにも採用されなかった。

▼RPK分隊支援火器(ソ連)

口径7.62ミリ×39のAKMを分隊用機関銃として改造した銃。長いバレルの採用により初速度が増している。このほか折りたたみ式二脚の採用、ストック形状の変更、長時間の連射が可能なよう各部を強化するなどの改造が加えられているが、基本的な構造はAKMがほとんどそのまま使用されている。

*ブルパップ式=P.42参照。

Small Arms

これは部品同士が余裕をもたせて組み合わせてあり、故障を減らすために内部の部品も極力ユニット化され、シンプルな構造となっているためだ。この特徴は、各国で生産されたAKの派生型にも共通している。

▼86S式自動歩槍（中国）

中国では1956年にAK-47 Ⅲ型を56式として制式採用して以来、ノーリンコ（中国北方工業公司）製のいくつかの56式改良モデルを使用してきた。86Sは56式シリーズの56Sをブルパップ式に改良して銃の小型化を図ったもの。口径：7.62ミリ×39、全長：667ミリ、重量：3600グラム。

▲ガリルAR（イスラエル）

イスラエルのIMI社が開発し、イスラエル軍が1973年から制式採用している5.56ミリNATO弾を使用するアサルト・ライフル。海外へも輸出され、コロンビアなどで制式軍用銃となっている。AK-47をベースとして開発されており、ハンマー、シア、トリガーの作動機構はAK-47と全く同じ。当然ガス圧作動式である。全長：979ミリ、重量：4250グラム、装弾数：35発。

AK-74を装備するカザフスタン軍の兵士たち。

CHAPTER 1

09. アサルト・ライフル(9)

AKのライバル・M16ライフル

米軍の主力ライフルだったM14に替わる新型ライフルの開発計画(サルボ計画)に基づいて開発された銃がAR15だ。これは軽量かつ小口径で単

▼AR10

M16ライフルの元祖ともいえるAR10。のちのベストセラーとなるM16へ至る形態を窺わせる。全長：1020ミリ、重量：3350グラム、口径：7.62ミリ、装弾数：20発。

▼M16

陸軍にも採用されたM16は、重量軽減や近接戦闘において有効性を示したものの、兵器局の改造要求やベトナム戦争での作動不良などから、"欠陥銃"というレッテルが貼られた。

左利きの射手でも安全に射撃を行なうための突起が付く

長距離用が付いて二段切り換えとなったリア・サイト

グリップおよびストックにフィルド耐衝撃性ナイロンを採用して強化

セレクターの位置が反対側からでもわかるようになった

第1章 小火器
第2章 戦闘装備
第3章 生存装備
第4章 特殊装備
第5章 未来の歩兵装備

Small Arms

純な構造を持ち、より強力な威力を持つライフルというアメリカ軍の難しい要求をクリアして、優れた性能を示した。ユージン・ストーナーの設計によるAR15は、5.56ミリの小口径弾薬を使用し、リュングマン式と呼ばれるガス圧作動方式を採用しているのが特徴である。

AR15はM16としてベトナム戦争に投入されるが、ここで作動不良などのトラブルが続出し、"欠陥銃"とさえいわれてしまう。やがて大幅な改良を加えられてM16A1として制式採用されたのが1967年である。その後も実戦を経験しながら改良を加えられたM16は、多くのバリエーションが生まれ、共産圏を代表するAKと双璧をなすアサルト・ライフルとして定着することとなる。

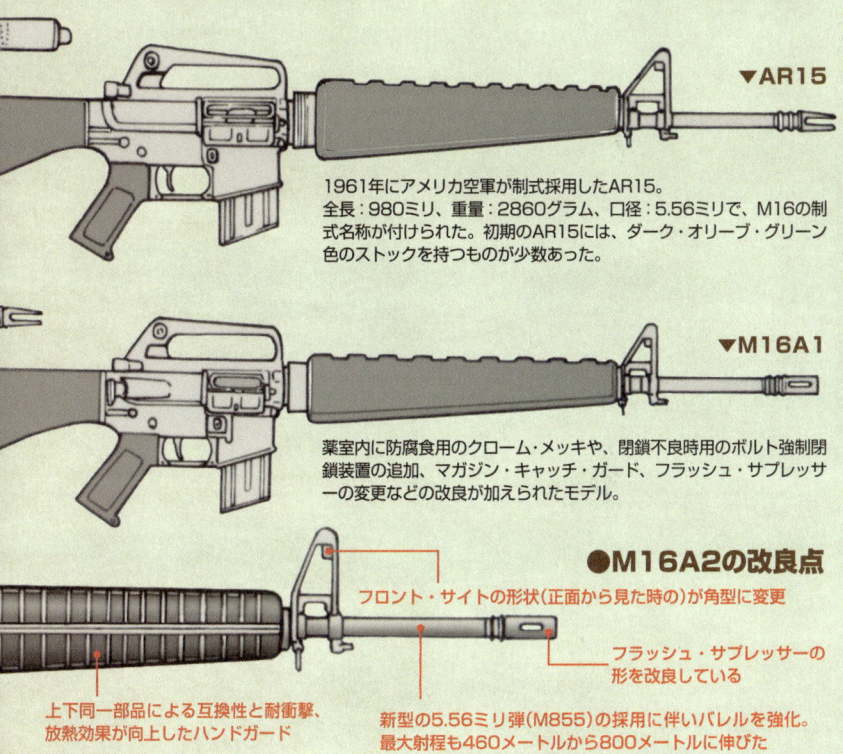

▼AR15

1961年にアメリカ空軍が制式採用したAR15。全長：980ミリ、重量：2860グラム、口径：5.56ミリで、M16の制式名称が付けられた。初期のAR15には、ダーク・オリーブ・グリーン色のストックを持つものが少数あった。

▼M16A1

薬室内に防腐食用のクローム・メッキや、閉鎖不良時用のボルト強制閉鎖装置の追加、マガジン・キャッチ・ガード、フラッシュ・サプレッサーの変更などの改良が加えられたモデル。

●M16A2の改良点

フロント・サイトの形状（正面から見た時の）が角型に変更

フラッシュ・サプレッサーの形を改良している

上下同一部品による互換性と耐衝撃、放熱効果が向上したハンドガード

新型の5.56ミリ弾（M855）の採用に伴いバレルを強化。最大射程も460メートルから800メートルに伸びた

この他に3点バースト機構（トリガーを引きっぱなしでも3発発射されると射撃が止まる。これに関しては命中精度にバラツキが出るなどの意見もある）が追加されている。

*リュングマン式＝ダイレクト・インピンジメント・ガス・システムとも呼ばれ、ガス圧作動式だが、独立したガス・ピストンやシリンダーを持たない。発射薬の燃焼ガスが直接吹き込むため機関部が汚れやすく、これがM16のトラブルの原因になったともいわれる。

10. アサルト・ライフル(10)

M16シリーズのバリエーション

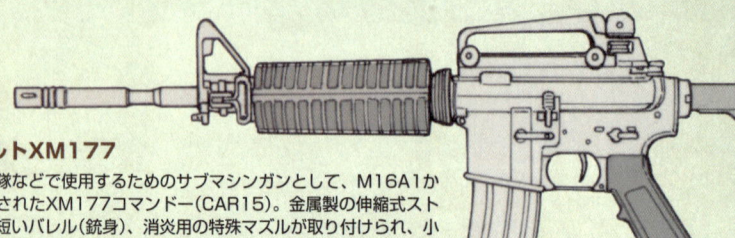

▲コルトXM177
特殊部隊などで使用するためのサブマシンガンとして、M16A1から改良されたXM177コマンドー(CAR15)。金属製の伸縮式ストック、短いバレル(銃身)、消炎用の特殊マズルが取り付けられ、小型で扱いやすく作られている。取り回しがよいため人気があり、現在はM16A2に同様の改良を加えたモデルが使用されている。

▲コルトM653
コルト社が輸出用にM16A1のカービン・モデルとして開発した銃で、イスラエルやフィリピンなどで採用されている。またアメリカ国内ではFBIや警察などで使用された。コマンドーとカービンモデルは同じに見えるが、銃身長が異なる。

▲M16A3
M16A3はM16A2の信頼性を向上させ、3点バースト機能をフルオートに変更したモデル。カナダ軍で採用されている。

Small Arms

M16は本体にアルミ合金やプラスチックを多用し、登場した1957年当時は非常に革新的な形態を持つライフルであった。一時は"欠陥銃"ともいわれたが、改良を重ねて傑作軍用ライフルと評価されるようになり、全長を短くしたカービン型など様々な派生型が生み出されている。

▼コルトM607
M16(コルト社生産ライン名:M605)のバレルを短縮し、伸縮式のストックを装備したモデル。もともとは車載用として開発されたモデルで、歩兵向けの銃ではなかった。

▲コルトM723
コルト社が開発・販売した一連のカービン・モデルの1つ。M16A2をベースにしたフルオート式。同じA2をベースとするカービン・モデルにモデル725があり、こちらは3点バースト式。装着しているドラム・マガジン式のCマグはコルト社オリジナルではないが、装弾数を多くするために開発されたもの。100発近く装填できる。

11. アサルト・ライフル(11)

M16シリーズの最高傑作M4A1

　M16A2のバレル(銃身)を短くし、ストック部を伸縮式にするなどの改良を施した銃がM4カービンで、1994年にアメリカ軍に制式採用されている。これにさらに改良を加え、USSOCOM(アメリカ特殊作戦軍)が特殊部隊用の小火器として1996年に制式化したのがM4A1である。M4A1はアメリカの特殊部隊のみならず、世界各国の特殊部隊で使用され、アメリカに強い対抗意識を持つフランス軍においてさえ特殊部隊で使われているほどだ。

M4A1は、欧米人の体型に合った大きさで取り回しがよく扱いも簡単で、数あるM16シリーズの中でも最高傑作といわれる。最大の特徴はキャリング・ハンドルが着脱式で、ハンドルを外すと現れるウィーバー・マウント・レールに照準装置などが取り付けられることだ。さらにレール・インターフェース・システムの採用により、レーザー・ポインターや暗視装置なども装着できる。

▶M4A1各部名称

❶フラッシュ・ハイダー　❷フロント・サイト　❸ガス・ポート　❹ガス・チューブ　❺フォア・アーム／ハンドガード　❻薬室　❼ボルト　❽ボルト・キャリア　❾カム・ピン・スロット　❿キャリング・ハンドル　⓫リア・サイト　⓬チャージング・ハンドル　⓭バッファ・アッセンブリー　⓮バッファ・スプリング　⓯伸縮式ストック　⓰テイクダウン・ピン　⓱オートマチック・シア　⓲セレクター・レバー　⓳ディスコネクト・シア　⓴トリガー　㉑トリガー・シア　㉒ピボット・ピン　㉓バレル・ナット　㉔バーチカル(垂直の意)・フォアグリップ　㉕バレル　㉖スイング・リンク

Small Arms

●M16シリーズの作動システム

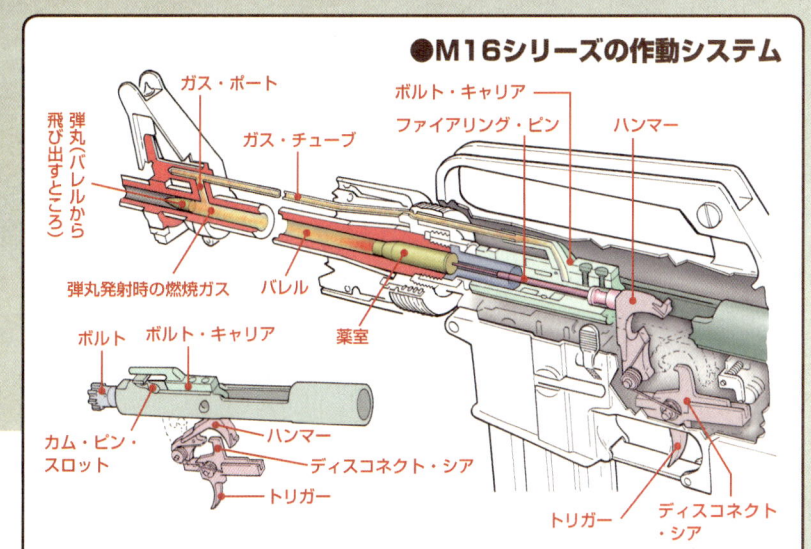

M16シリーズでは、チャージング・ハンドルを引いてボルト・キャリアを動かして弾薬を薬室に装填、ハンマーをコックする。薬室はボルト先端部の回転により閉鎖され発射可能となる。トリガーを引きシアがハンマーを解除すると、ハンマーはファイアリング・ピンを叩き弾丸を発射する。一方、弾丸発射時の燃焼ガスをガス・チューブを介してボルトに直接吹き付けることでボルトを後退させ、後退にともないボルト先端部が回転して薬室を開放、排莢が行なわれる。

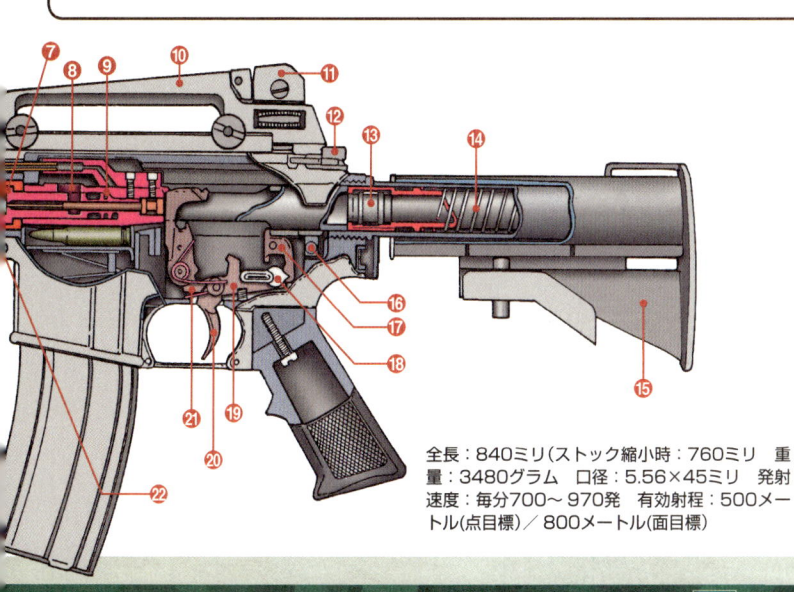

全長：840ミリ(ストック縮小時：760ミリ　重量：3480グラム　口径：5.56×45ミリ　発射速度：毎分700〜970発　有効射程：500メートル(点目標)／800メートル(面目標)

第1章 小火器　39

12. アサルト・ライフル(12)

オーソドックスで革新的なG36

　ドイツ連邦軍は1996年に、H&K(ヘッケラー・アンド・コッホ)社が1988年より自社開発していたHK50をG36として採用した。

　G36は、H&K社の銃が伝統的に採用していたローラー・ディレイド・ブローバック方式を用いず、ガス圧作動方式を採用している。いわゆるガス圧利用のローラー・ロッキング・システム(M16でも採用されている作動システムだが、G36はピストン・ロッドを介している点が異なる)を用いた、機構的にはオーソドックスな銃である。

　しかし、銃のレシーバー部や各部品にグラスファイバーとポリマーを多用(ハンマーにも使われている)、オプチカル(光学)・サイトとコリメーター・サイト(ダットサイト)で構成される照

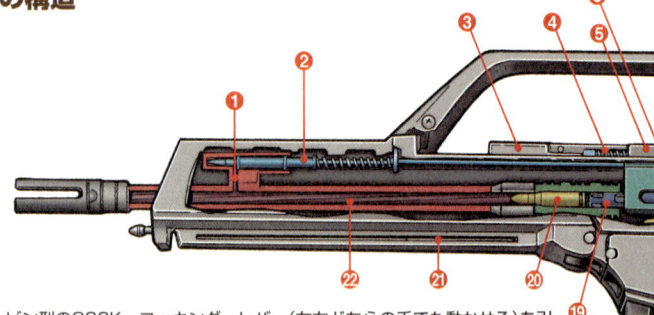

●G36Kの構造

　イラストはカービン型のG36K。コッキング・レバー(左右どちらの手でも動かせる)を引いてボルト・キャリアを後退させると、ハンマーが引き起こされコックする。後退したボルト・キャリアはリコイル・スプリングによって前方へ押し戻され、前進するときに弾薬を薬室内へ装塡、ロッキング・ボルトが薬室を閉鎖する。この時、ボルトが回転してボルト先端のロッキング・ラグが薬室の閉鎖をより完全なものにする。これによって発射準備完了。トリガーを引くとハンマーがファイアリング・ピンをたたき、ピンが弾薬の雷管を突いて弾丸を発射する。発射時の燃焼ガスはガス・ポート内からピストン部に噴出、そのガス圧によってピストン・ロッドが動きボルト・キャリアを後退させる。ボルト・キャリアの後退によってロッキング・ボルトが回転、薬室を開放するとともに薬莢を引き出し、排出する。ボルト・キャリアの後退によってハンマーがコックされ、再び前進するとともに薬室へ次弾が装塡される。この手順が繰り返されて射撃が行なわれる。単発射撃ではトリガーがハンマーを制御し、連続射撃では薬室が閉鎖されるまでハンマーはシアが制御している。
口径：5.56ミリ、全長：860ミリ(ストック折りたたみ時：615ミリ)、重量：3300グラム、発射速度：毎分750発。

Small Arms

準システムを銃本体に標準装備、コールド・フォージング・バレル(冷間鍛造銃身)の使用など、G36はそれまでのドイツの主力だったG3ライフルとは大きく変わった革新的なものとなっている。

H&K G36はドイツ連邦軍の現用制式アサルト・ライフルだが、写真の基本型G36の他に、G36K(銃身長を320ミリに短縮したカービン型)、G36C(特殊部隊用に銃身長を228ミリとさらに短くし、ハンドガードの替わりにピカティニー・レールが取り付けられた最小型モデル)も使用されている。写真の兵士は、いずれもフレクター・パターンの迷彩カバーを付けたB862ヘルメットを被り、フレクター・パターンの戦闘服を着用している。

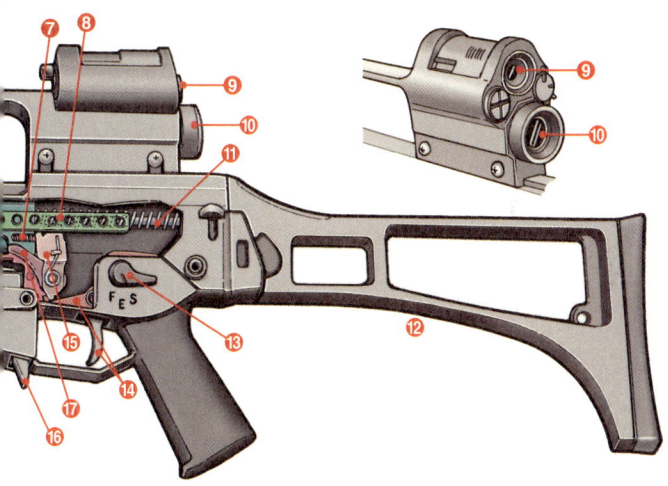

❶ガス・ポート ❷ピストン・ロッド ❸コッキング・レバー ❹コッキング・スプリング ❺コッキング・ボルト ❻ボルト・キャリア ❼ファイアリング・ピン ❽ボルト・キャリア・スライド・ガイド ❾コリメーター・サイト(センターに赤いドットが現れる) ❿オプチカル・サイト(3倍で簡単なレンジ・ファインダー機能を持つ) ⓫リコイル・スプリング ⓬折りたたみ式ストック(折りたたんだ状態で射撃しても排莢できる) ⓭セレクター ⓮トリガーおよびシア部 ⓯ハンマー ⓰マガジン・リリース ⓱シア ⓲半透明の強化プラスチック製30連マガジン、⓳ロッキング・ボルト ⓴薬室 ㉑特殊デバイス取り付け用レール ㉒バレル(銃身)

第1章 小火器

13. アサルト・ライフル(13)
ブルパップ式ライフルの構造

それまでのL1A1(FN FAL)に代わり、イギリス陸軍が1985年から採用しているのがL85A1アサルト・ライフルである。特徴はプレス加工を多用して製作されていること、そしてブルパップ式の銃であることだ。

ブルパップ式は、バレル(銃身)を短くせずに、従来型のライフルより全長を短くできる。バレルを犠牲にしていないから弾丸の威力や射程を落とさずに済み、コンパクトなため取り回しがしやすい。これは市街地戦闘のような

●L85A1(SA80)アサルト・ライフルの構造

L85の作動はガス圧利用方式。コッキング・レバーを引いてボルトを後退させてファイアリング・ピンのバネを圧縮。再び前進させて弾薬を薬室に装填。ボルトが薬室を閉鎖することで発射準備完了となる。トリガーを引くとファイアリング・ピンが解放されて弾薬を撃発させ、その燃焼ガスがガス・プラグを通ってガス・シリンダーに吹き出す。そのガス圧でピストン・ロッドが後退、ロッドにボルト・キャリアを介して接続するボルトも後退すると共に排莢を行ない、リコイル・スプリングで再びボルトが前進して次弾の装填と閉鎖が完了する。

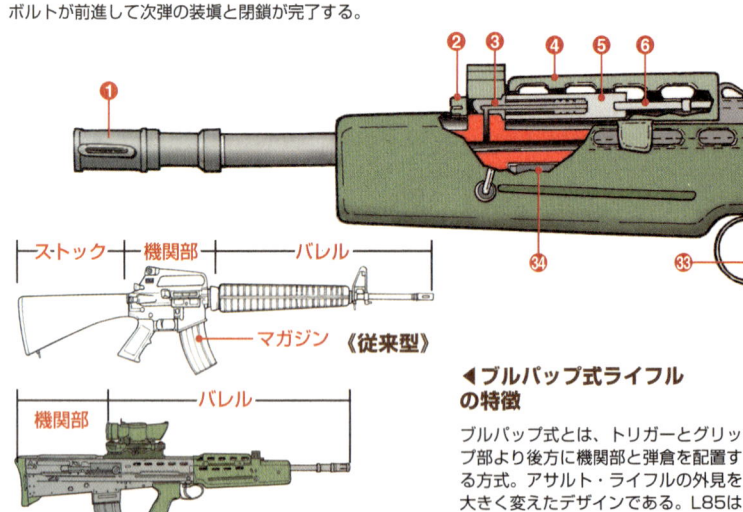

◀ブルパップ式ライフルの特徴

ブルパップ式とは、トリガーとグリップ部より後方に機関部と弾倉を配置する方式。アサルト・ライフルの外見を大きく変えたデザインである。L85は全長が785ミリで従来型のライフルよりも200ミリほど短い。ただし重量が4650グラムと重くなっている。

Small Arms

戦いでは有利となる。L85A1は、湾岸戦争で作動不良などのトラブルが続出したことから、現在イギリス軍は大改修を加えたL85A2を使用している。

ブルパップ式の銃は、全長が短くなることで照準線（フロント・サイトとリア・サイトの距離）が短くなる欠点がある。このためL85では4倍の光学式照準器（SUSAT）を標準装備としている。またブルパップ型では、エジェクション・ポート（排莢口）が顔面近くになるのでレシーバーの片側にしか設置できず（通常右側に設置）、左利きの射手は射撃しにくいという問題もある。

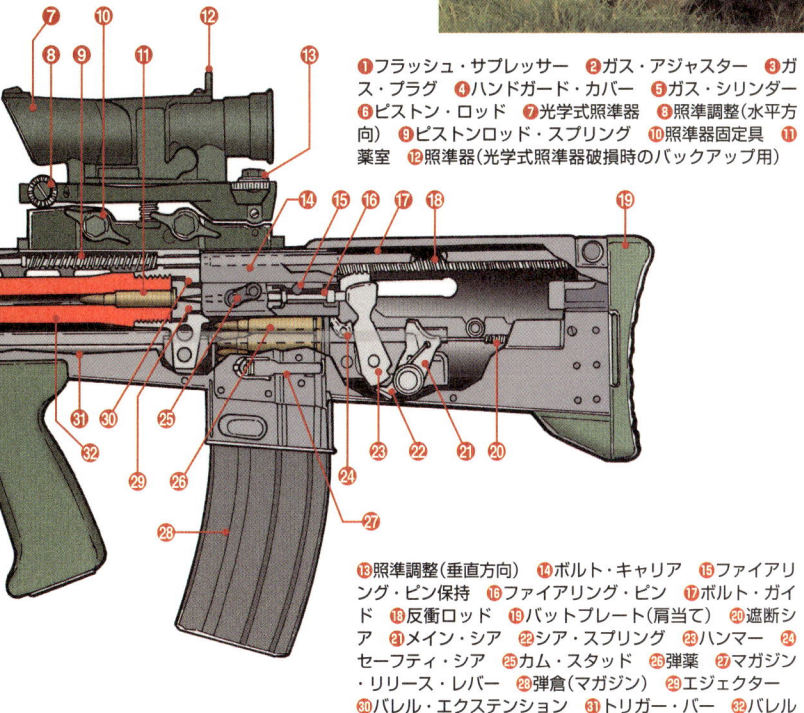

❶フラッシュ・サプレッサー　❷ガス・アジャスター　❸ガス・プラグ　❹ハンドガード・カバー　❺ガス・シリンダー　❻ピストン・ロッド　❼光学式照準器　❽照準調整（水平方向）　❾ピストンロッド・スプリング　❿照準器固定具　⓫薬室　⓬照準器（光学式照準器破損時のバックアップ用）

⓭照準調整（垂直方向）　⓮ボルト・キャリア　⓯ファイアリング・ピン保持　⓰ファイアリング・ピン　⓱ボルト・ガイド　⓲反衝ロッド　⓳バットプレート（肩当て）　⓴遮断シア　㉑メイン・シア　㉒シア・スプリング　㉓ハンマー　㉔セーフティ・シア　㉕カム・スタッド　㉖弾薬　㉗マガジン・リリース・レバー　㉘弾倉（マガジン）　㉙エジェクター　㉚バレル・エクステンション　㉛トリガー・バー　㉜バレル　㉝トリガー　㉞ヒート・シールド

＊照準線＝この距離が長いほうが照準は正確になる。

第1章 小火器　43

14. アサルト・ライフル(14)

フランスのブルパップ式ライフル

　フランス軍の制式アサルト・ライフルとして1977年に採用されたのがFA-MASである。5.56ミリ×45弾を使用するブルパップ式アサルト・ライフルだが、いかにもフランス的で個性がある銃だ。1979年よりフランス軍への納入が始まった。最初のスタンダード・モデルはFA-MAS F1と呼ばれている。

　スタンダード・モデルでは二脚が標準装備となっているが、バレルを短くして二脚を廃止したコマンド・カービン・モデルも作られている。またトリガー・ガードを大型化してグリップ部分にまで延長したモデルも開発されている（手袋を着用しての銃の操作を考慮したもの）。

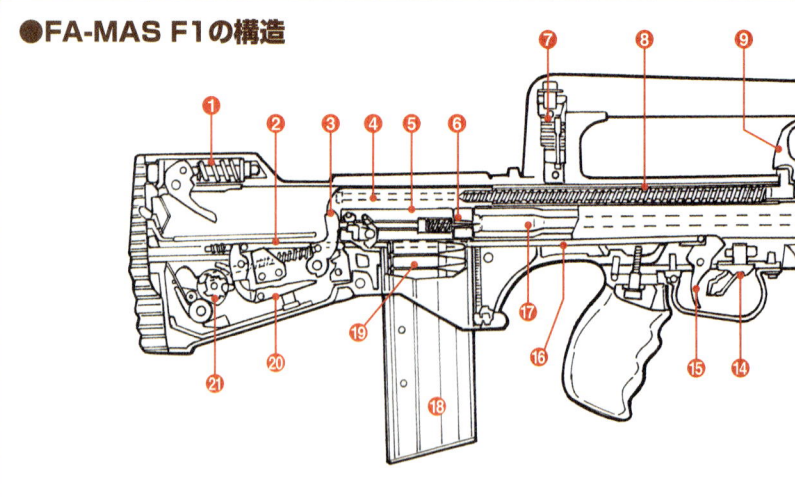

●FA-MAS F1の構造

FA-MAS F1の老朽化にともない1994年から配備が開始されたのが写真のFA-MAS G2である。大型のトリガー・ガードと30連マガジンが外見の特徴。構造的には発射速度がフルオートで毎分100発と高速化されている。

Small Arms

FA-MASを構えるフランス兵。ブルパップ式アサルト・ライフルは、歩兵がAPC（装甲兵員輸送車）の狭い車内から射撃できるように開発されたものだった。全長を短縮したため照準線も短くなり、照準の精度が落ちるのはブルパップ式に共通した欠点だ。ブルパップ式で有名なオーストリアのシュタイアーAUGは、キャリング・ハンドル兼用の1.5倍スコープを標準装備としている。

FA-MAS F1の射撃モードはフルオートとセミオートで、トリガーの前に設置されているセレクター・レバー（安全装置も兼ねている）で切り替えできる。またストック部分にはイラストのように3点バースト機構を組み込むことができる。全長：757ミリ、重量：3610グラム、装弾数：25発。

❶バットプレート・スプリング ❷トリガー作動ロッド ❸ハンマー ❹ボルト・キャリア ❺ボルト ❻ファイアリング・ピン ❼リア・サイト調整 ❽リコイル・スプリングおよびロッド ❾コッキング・レバー ❿一体化されたレシーバーとキャリング・ハンドル ⓫フロント・サイト ⓬二脚 ⓭バレル ⓮セレクター・レバー（安全／射撃モード設定） ⓯トリガー ⓰トリガー作動ロッド ⓱薬室 ⓲マガジン ⓳5.56ミリ×45弾 ⓴シア ㉑3点バースト機構

フランスの先進歩兵システムFELINのウェポン・サブシステム（射撃照準装置や暗視装置などを一体化したもの）を装着したFA-MAS。

15. アサルト・ライフル(15)

自衛隊の64式小銃と89式小銃

自衛隊のアサルト・ライフルは、64式小銃と89式小銃の2種類がある。64式小銃は1964年に制式採用され、第二次大戦後初の国産小銃となった。採用当時はアメリカ軍のM14と同規格の7.62ミリ×51弾を採用した(有事の際の弾薬の互換性を考慮してのことだった)。1989年に89式小銃が採用されるまでに23万挺余りが生産されており、自衛隊の他に海上保安庁でも採用されている。また62式機関銃と弾薬の互換性がある。

89式小銃は64式小銃の後継として開発されたアサルト・ライフル。世界各国のアサルト・ライフルと同様に小口径化され、使用する弾薬は5.56ミリ×45弾で、M16と共通のNATO規格になった(M16と弾倉の互換性がある)。

▶64式小銃

64式はセミオートおよびフルオート(連射速度:毎分500発)で高い命中精度を持つとされるが、日本人の体格から考えると7.62ミリ弾をフルオートで撃つことはコントロールが難しいと思われる。全長:990ミリ、重量:4400グラム。

*89式小銃=自衛隊以外に、海上保安庁の特殊警備隊SSTや警察の特殊部隊SATでも使用されている。　*7.62ミリ×51弾=反動軽減のため、通常自衛隊では装薬を削減した減装弾を使用する。

Small Arms

雪中用の偽装服を着用しての訓練。89式小銃の先端にはバヨネット（銃剣）が装着されており、射撃しながらの突撃訓練と思われる。ライフルの側面に取り付けられているのは空薬莢を回収するための袋。陸上自衛隊では89式小銃が主力になっているが、陸自の予備自衛官、海上自衛隊や航空自衛隊では64式が今でも使用されている。

◀89式小銃

89式はセミオート、フルオート（連射速度：毎分750発）に加え、3点バースト（トリガーを1回引くと3発発射）が可能。レシーバー部分にはプレス加工が使われている。固定銃床型と、空挺部隊などが使用する折り曲げ銃床型のタイプもある。全長：916ミリ、重量：3500グラムと64式に較べてスリムになり、部品数が大幅に減少したことで生産性や整備性が向上している。価格は1挺20〜30万円程度といわれ、64式の約17万円に比べ高くなった。

＊価格＝調達数により価格は変動する（大量に発注すれば1挺あたりの単価は下がる）。

CHAPTER 1

16. アサルト・ライフル(16)

特殊部隊で高評価のFN SCAR

　1980年以降の素材革命は、様々な新しい銃を生み出した。その延長線上で開発され、アメリカ陸軍特殊部隊の制式アサルト・ライフルに決定されたのがFN SCAR*(特殊部隊用戦闘アサルト・ライフル)である。当初はFN社のFNCアサルト・ライフルの改良型として設計されたが、何度も改良を加えられて生産型のSCARはほとんど別物となっている。

　FN SCARは合成樹脂(高分子化合物の強化プラスチック)などの新素材が多用されている。これらの素材は自由に設計・成形できるので、銃を人間工学的に体にフィットした形にデザインできる。そのため自然な姿勢での射撃が可能であり、発射の際の反動も軽減されるので命中精度も向上している。

FN SCAR-H CQC*で射撃を行なうアメリカ海軍特殊部隊SEALs隊員。この銃は世界中で使用されているAK-47シリーズの7.62ミリ×39弾も使用できる。敵の弾薬を使用することで、たとえば敵性地域に潜入・隠密行動を取る特殊部隊がやむを得ず交戦した場合も、自分たちの存在を秘匿できるという利点がある。

▼FN SACR-L初期プロトタイプ

- 特殊部隊で使用する様々なアクセサリーを装着できるようにアッパー・レシーバー、ハンドガード部にピカティニー・レールが設置された
- 生産型とは、セフティ・レバーやマガジン・リリースの形状が異なっている
- プロトタイプでも射手の体に合わせてストックの長さを調節する機能や折りたたみ構造が取り入れられているが、生産型とは大きく形状が異なっている
- M-16タイプのフラッシュ・ハイダー(銃口からの発射炎の拡散を抑制するとともに発射音の方向をわかりにくくする)
- FN FNCの影響が残っているロア・レシーバーの形状
- FN FNCタイプのグリップ

*SCAR＝Special operations forces Combat Assault Rifleの頭文字。　*CQC＝Close Quarters Combatの頭文字。

Small Arms

●FN SCARの特徴

SCAR(特殊部隊用戦闘アサルト・ライフル)は5.56ミリ×45 NATO弾を使用するMk.16 SCAR-L(ライト)と7.62ミリ×51 NATO弾を使用するMk.17 SCAR-H(ヘビー)の2つのタイプがある。両者は銃身長や口径、用途が異なるが、分解整備や操作の手順は変わらず、工具を必要とせずに分解できる。

▼FN SCAR-Lプロトタイプ

- 生産型と同じ形状のストック
- バレルを固定するピンの差し込み口の形状が生産型と異なる
- フロント・サイトおよびリア・サイトの形状が生産型と異なっている
- M-16タイプのフラッシュ・ハイダー
- アルミ削り出しのロア・レシーバー
- M-16タイプのグリップ
- EGLM(FN40GL 40ミリ)グレネード・ランチャー。SCAR専用にFN F200GL1をベースにして開発された。これもプロトタイプで、生産品のMk.13とは若干形状が異なる

▼FN SCAR-L(Mk.16)
（最新ロット）

- ストック折りたたみ部。折りたたんだ全長は533.4ミリ
- 体に合わせて高さを変更できるストック上部(チーク・ピース)
- 6段階に伸縮可能なストック(伸縮により全長が825.5〜889ミリまで変えられる)
- M-16タイプのグリップ
- アンビ(左右両用)化されたデコッキング・ハンドル
- アンビ化されたセフティ・レバー
- 合成樹脂製になった30連マガジン
- アッパー・レシーバーとハンドガード部にはピカティニー・レールが付く
- バレル下部と一体化されたピカティニー・レール
- 初期モデルではアルミ削り出しだったロア・レシーバー部は、最新モデルでは合成樹脂に変更されている。これによりレシーバー部は全体が合成樹脂製になった
- 折りたたみ式フロント・サイト(前方へ倒せる)
- フローティング化されたバレル
- M-16タイプよりも大型になったフラッシュ・ハイダー

▼FN SCAR-H(Mk.17)
（最新ロット）

- 7.62ミリ×51 NATO弾
- 5.56ミリ×45 NATO弾
- 7.62ミリ弾発射用に強化されたロア・レシーバー
- 合成樹脂製30連マガジン(5.56ミリ×45 NATO弾のSCAR-Lと7.62ミリ×51 NATO弾のSCAR-Hの外形の大きな違いの1つはマガジンの大きさが異なること。SCAR-Hではマガジンが強化されている)
- 7.62ミリ×51 NATO弾用のバレル
- 作動不良に備えてガス圧調整弁を設置(SCAR-Lにも設置)
- 大きい弾薬を使用するためにフラッシュ・ハイダーも大型化され、形状もSCAR-Lとは異なる

第1章 小火器　49

17. アサルト・ライフル(17)

汎用性の高いFN SCAR

　FN SCARは、5.56ミリ×45NATO弾に加えて、6.8ミリSPC弾や、より口径が大きく重量のある7.62ミリ弾を使用できるバリエーションがある。その理由として1991年の湾岸戦争以降、銃撃戦で極度の興奮状態にある敵兵を5.56ミリ×45NATO弾ではなかなか1発では倒すことができないという事態が続出し、この弾薬の威力不足が問題となったことが挙げられる。

FN SCARには3タイプの交換式バレル(SCAR-LではCQC:近接戦闘型の245ミリ、STD:通常型の355ミリ、LB:長射程型の457ミリ。SCAR-HはCQCの330ミリ、STDの406ミリ、LBの508ミリ)が用意されている。任務に応じて異なる銃を使用するよりも、バレルを交換するだけで近接戦闘から長距離射撃まで対応できるようにしたほうが便利なためである。

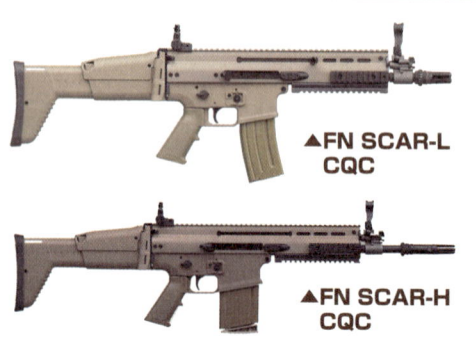

▲FN SCAR-L CQC

▲FN SCAR-H CQC

FN SCARのバージョンの中で最も全長が短いSCAR-L CQC(全長723.9～7847.4ミリ。ストック折りたたみ時は533.4ミリ)とSCAR-H CQC(全長825.5～889ミリ。ストック折りたたみ時は635ミリ)。市街地戦闘などの近接戦闘用で、取り回しやすいようにバレル長を短くしている。バレルの長さが異なるだけで他の部分は同じだが、射程や射距離に対する命中精度などが異なっている。

Small Arms

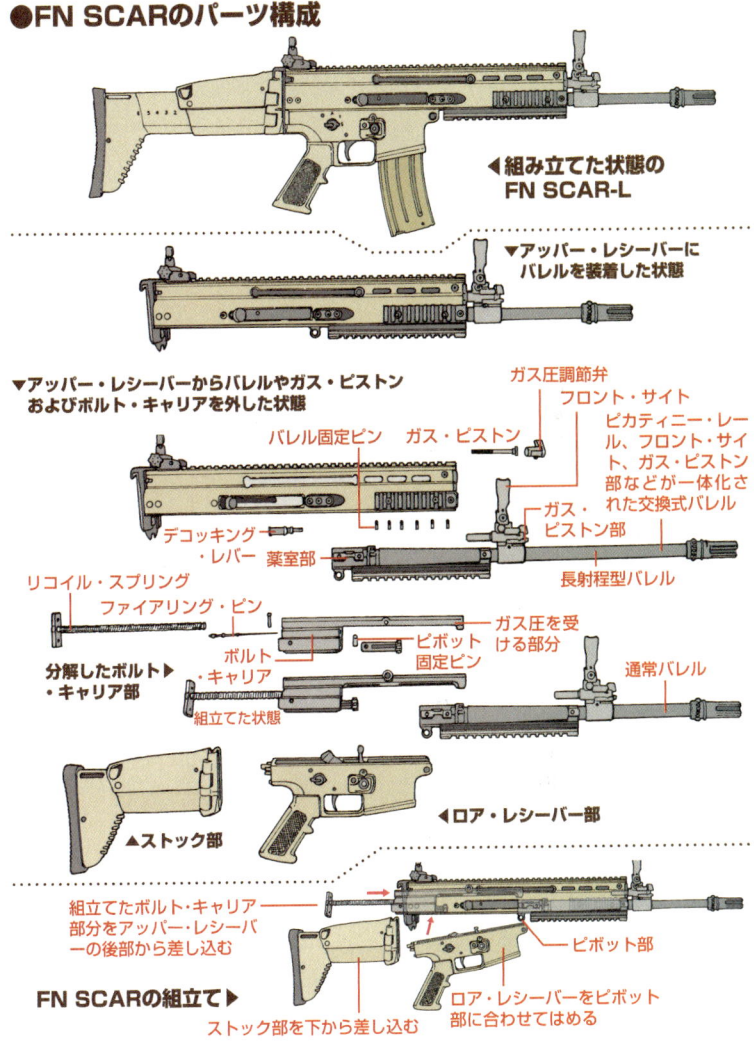

●FN SCARのパーツ構成

◀組み立てた状態の
FN SCAR-L

▼アッパー・レシーバーに
バレルを装着した状態

▼アッパー・レシーバーからバレルやガス・ピストン
およびボルト・キャリアを外した状態

ガス圧調節弁
フロント・サイト
バレル固定ピン
ガス・ピストン
ピカティニー・レール、フロント・サイト、ガス・ピストン部などが一体化された交換式バレル
デコッキング・レバー
薬室部
ガス・ピストン部
長射程型バレル

リコイル・スプリング
ファイアリング・ピン
ボルト・キャリア
ピボット固定ピン
ガス圧を受ける部分
通常バレル

分解したボルト▶
・キャリア部
組立てた状態

▲ストック部
◀ロア・レシーバー部

組立てたボルト・キャリア部分をアッパー・レシーバーの後部から差し込む

FN SCARの組立て▶

ストック部を下から差し込む

ピボット部
ロア・レシーバーをピボット部に合わせてはめる

SCARは比較的単純なガス圧作動方式で、ガス・ピストンにボルト・キャリア(ボルトやエクストラクターを収納する)の先端を接触させた構造となっている。この先端部で発射時のガス圧を受けてボルトを後退させるようになっている。バレルやピストンなどを収納するアッパー・レシーバーにはレール・システムが作り付けになっていて、トリガー機構を収納しマガジンを装着するロア・レシーバー部はM4によく似ている。

第1章 小火器

18. アサルト・ライフル(18)

特殊部隊専用ライフルの特徴とは

　現在、大規模な戦争が発生しない一方で、頻発する地域紛争や対テロ戦闘といった戦いに、特殊部隊が投入されるケースが多くなっている。一般の歩兵部隊よりも特殊部隊のほうが様々な任務や作戦に対応できるからだ。そのため各国の特殊部隊には過酷な任務を遂行できるよう、各種装備や使用できる機材、兵器が最優先で支給されており、特殊部隊用のアサルト・ライフルも開発されているほどだ。

　特殊部隊専用アサルト・ライフルには、FN社のSCARとロビンソン・アーマメント社のXCR、次いでH&K社のHK416などがある。どの銃も5.56ミリ×45NATO弾に加えて、6.8ミリSPC弾や、より口径が大きく重量のある7.62ミリ弾を使用できるバリエーションを揃えているという共通点がある。

破壊力の大きいバレットM468を構えるSEALs（シールズ）隊員。特殊部隊用のアサルト・ライフルは威力が大きく、ボディ・アーマーを着用した敵も1発で行動不能にできるストッピング・パワーを持つ銃弾を発射できることが求められている。

●アサルト・ライフル用弾薬サイズ比較

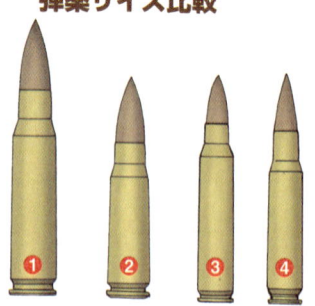

❶7.62ミリ×51NATO弾
❷7.62ミリ×39ロシアン弾
❸5.56ミリ×45NATO弾
❹6.8ミリ×43SPC弾

Small Arms

●特殊部隊用に開発されたアサルト・ライフル

▲XCR

ロビンソン・アーマメント社のXCRは、AK-47のような比較的単純なガス圧利用方式を使い、ガス・ピストンにボルト・キャリアーを連結させた構造になっている。折りたたみ式ストックが特徴的だが、最大の特徴は作動機構が頑丈に作られており、バレル(銃身)を交換するだけで5.56ミリ×45 NATO弾、7.62ミリ×39弾、6.8ミリSPC弾が使用できることだ。有効射程は使用する弾薬によって異なるが、およそ300～600メートル。

▲HK416(D10RS)

▼HK416(D145RS)

HK416はH&K社がイギリス軍のL85A1の改修を請け負ったことがきっかけで、アメリカ軍のM4改修のオファーを受けて完成させた近代改修モデルHKM4を原型としている。このモデルは最終的にHK416と名称変更され、D10RS(ショート・バレル型)とD145RS(ロング・バレル型)の2つのモデルとなっている。HK416は一見するとM4にピカティニー・レール・システムを装着したような形態だが、機関部にはG36やXM-8のガス圧作動方式が導入されており、ボルト作動方式も変更されている。D10RSとD145RSの2つのモデルとも、5.56ミリ×45 NATO弾を使用する。新型弾薬の6.8ミリSPC弾を使用するタイプも開発されている。

▼バレットM468(REC7)

バレット社が開発したこの銃は、5.56ミリより口径が大きく重量も重い6.8ミリ×43SPC弾という新型弾薬を使用する。この弾薬はUSSOCOM(アメリカ特殊作戦軍)が中心となって開発したもので、全長は5.56ミリNATO弾とほぼ同じなのでM16の30連マガジンに装填できる。弾丸が重いため運動エネルギーが大きいので破壊力も大きくなる。正確な射撃を行える5.56ミリ弾と威力の大きい7.62ミリ弾の中間の口径の弾薬を使用することで、両者の長所が活かせるようになった。M468は小口径弾のような正確な射撃ができ、かつ高いストッピング・パワーを備えているのだ。

＊USSOCOM=United States Special Operations COMmandの頭文字。

19. バヨネット(銃剣)

ライフルの先端に取り付ける武器

歩兵が持つ軍用銃のアクセサリーとして、昔から欠かせないのがバヨネット(銃剣)だ。これをライフルなど銃身の長い銃の先端に取り付けることで、槍のように使うことができる。銃剣の長さや銃への装着法は様々だが、「銃剣突撃」という軍隊用語もあるように、銃撃できないほど敵と近接するような白兵戦では有効な武器となる。

第二次大戦までの銃剣は実際に戦闘

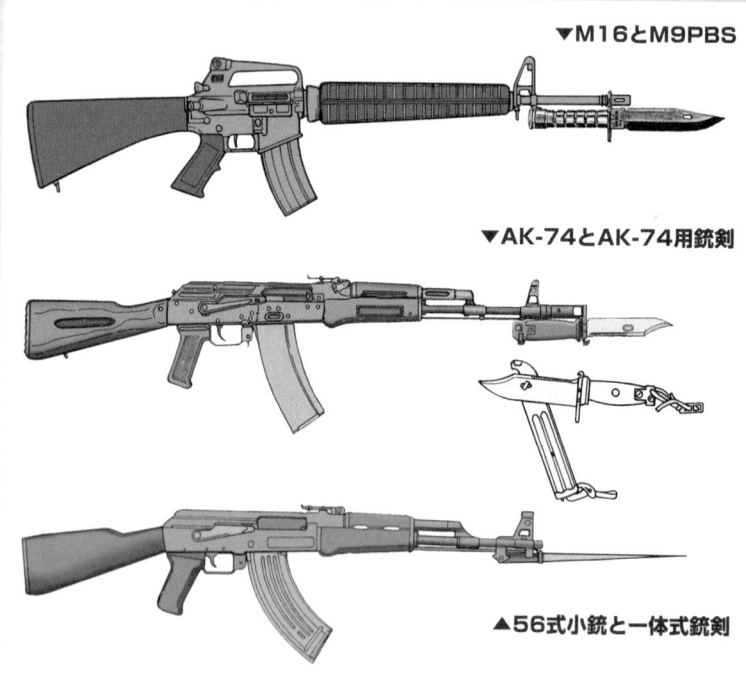

▼M16とM9PBS

▼AK-74とAK-74用銃剣

▲56式小銃と一体式銃剣

現代の銃剣のほとんどはナイフ式銃剣で、AK-74用銃剣やM9PBSのように多用途ナイフを銃に取り付けるようになっている。銃剣としてアサルト・ライフルに装着できるほか、重量があり刃が頑丈に作られているので斧のように使ったり、刃の背側で軽金属を切断することが可能。スカバード(鞘)と組み合わせれば鉄条網を切断するワイア・カッターにもなる。ガード(鍔)にはドライバーや栓抜きが付けられているなど、サバイバル・ツールとしても使用可能。

*バヨネット=この名称は、銃剣が最初に作られたフランスのバイヨンヌという町に由来するとされる。

で使用する機会も多く、長いもの(刃の部分が長い)が多かった。しかし大戦後は、銃剣というよりは短い軍用ナイフを銃に取り付ける方式が主流となっている。敵を刺殺することを目的とした銃剣よりも、多用途に使用できるナイフのほうが便利だからだ。

現在では小火器の殺傷力が大きく向上したこともあり、銃剣を実戦で使用することはほとんどなくなっている。とはいえ現代のアサルト・ライフルでも、銃剣を取り付ける着剣装置は廃止されていない。

[上]人形に銃剣を突き刺すアメリカ海兵隊の兵士。民間人を兵士に作り変える新兵訓練では、銃剣を装着したライフルで人形や古タイヤなどの標的を繰り返し突かせる。こうして目の前に敵がいれば自動的に攻撃するよう新兵の体に覚え込ませるのである。兵士の闘争心を重視するアメリカ海兵隊では、この訓練を特に重視している。[右]M16に銃剣を装着するところ。

CHAPTER 1

20. 銃のハイテク装備

銃のアクセサリーは飾りじゃない

　レーザー・ポインターやエイム・ポインター（ドット・サイト）、暗視装置などのハイテク装備のアクセサリーを装着することで、銃の機能をより高めることができる。とくに屋内や狭い市街地で昼夜を問わず展開する近接戦闘では、ハイテク装備の銃があれば非常に有利になる。

大きな建物内部には敵が隠れる場所が多く、照明が壊されていれば昼間でも暗い。攻撃しようと待ち構える敵に対処するのは骨の折れる作業だ。建物内の捜索や戦闘において、敵を素早く発見、照準できるハイテク装備の銃は有効である。

暗視装置

赤外線レーザー・ポインター

▼ホログラフィック・サイト（ホロサイト）

レーザー・ホログラム画像をレンズに投影する照準器で、戦闘機などのHUD（ヘッドアップ・ディスプレイ）と同じ原理。スコープの中央に現れる赤いマークのドットを目標に重ね合わせて撃てば、弾丸は目標に命中する。レンズを覗く位置によって狙点がズレることがなく、射手は両目を開いたまま照準・射撃が行なえる。暗視装置との併用も可能。イラストはイオテック社製ホロサイト。

第1章 小火器
第2章 戦闘装備
第3章 生存装備
第4章 特殊装備
第5章 未来の歩兵装備

Small Arms

▼ドット・サイト

サイト(照準器)上に赤い光点のドット(着弾点)が見える

ドット・サイトは、ドット(光点)に目標を合わせるだけで素早く照準動作が行なえる。視点が多少ずれていても銃が正しい方向を向いていれば、赤いドットは目標に合っている(ただし事前に銃の着弾点とサイト上のドットが一致するよう調整しておく必要がある)。

▼レーザー・ポインター(可視光)

赤色レーザーのドットで着弾点を示す

敵にも見える

サイトを覗かなくても腰だめ射撃が行える

レーザー・ポインターは着弾点が見えるので、屋内で撃ち合う場合にサイトで照準をつけなくても撃てる(これも事前に着弾点と赤色レーザーのドットが当たる位置が一致するように調整する必要がある)。

夜間に暗視装置を着用した状態では視野が狭く、遠近感を捉えにくいので照準が難しい。赤外線レーザー・ポインターを使えば、暗視装置を付けたまま着弾点を視認できるので照準が簡単に行なえ、不可視レーザーなので敵に発見されない(この場合も着弾点と赤外線レーザーのドットが当たる位置が一致するように調整が必要)。

▶赤外線レーザー・ポインター(不可視)

暗視装置を使えば着弾点が見える

赤外線レーザーは不可視なので敵には見えない

CHAPTER 1

21. 銃のレール・システム

アクセサリーの取り付け台とは

アサルト・ライフルの様々なアクセサリーは銃の機能を拡張し、戦闘力を高めるための装備だが、それらを銃に装着するのに必須なのがピカティニー・レールやレール・システムと呼ばれる取り付け台だ。

第1章 小火器

第2章 戦闘装備

第3章 生存装備

第4章 特殊装備

第5章 未来の歩兵装備

▼SIR装着M4A1

- 赤外線レーザー／赤外線イルミネーター
- 光学サイト
- サウンド・サプレッサー
- SIR

ナイツ・アーマメント社の*RISは、アクセサリーを装着して銃の戦闘力を高めるのに大きく貢献したが、RIS自体が銃に取り付ける「部品」であるため、連続して射撃をしているうちに調整したアクセサリーの照準線が狂うなどの問題が生じた。その解決のために開発されたのが、アクセサリーを装着できるレール部分をハンドガードからレシーバー部まで一体化して生産した*SIRを装着したモデル。警察などで多用されている。

❷光学サイト（エイム・ポイント・コンプM）

❸ピカティニー・レール

❶暗視装置（M983）

❶夜間に物体の反射する微量の光を増幅させ可視光にする光増幅式の夜間用視察装置。暗視装置対応の光学サイトと組み合わせることで装置越しに直接照準もできる ❷ドット・サイト。近・中距離での射撃に威力を発揮する ❸アクセサリー類の固定台で機関部上に設置されている

*RIS=Rail Interface Systemの頭文字。　*SIR=Selective Integrated Rail-systemの頭文字。

58

Small Arms

アメリカ海兵隊で一部使用されているナイツ・アーマメント社のSR15。アクセサリー装着用のURXレール(RISと似た作りになっている)と一体化されたハンドガードは、命中精度を低下させないフリー・フローティング・バレル構造になっており、SR15は狙撃用と戦闘用ライフルの2つの機能を持っている。レール・システムにとどまらない機能を銃に与えるハンドガードの1つの例といえる。機関部上のレールには狙撃用光学式照準サイトが取り付けられているが、さらにその上に近接戦闘用の小型のリフレックス・サイトが装着してある。

❹レール・システム
(ハンドガード部)

❺赤外線レーザー/
赤外線イルミネーター
(AN/PRQ-2)

▼GQB用カービン「M4A1マスターキー」

ピカティニー・レールとレール・システムを使用したM4A1のアクセサリー装着例。レール・システムはRIS。画期的システムだったが、現在はより進化したRASになっている。

❻12ゲージ・ショットガン
(レミントンM870)

ⓐレール・カバー

❹ライフルやサブマシンガンのハンドガード部分にアクセサリー類を取り付けるための装置。ハンドガードと取り付け用のレールが一体化されている。イラストはⓐレール・カバーを装着した状態　❺赤外線レーザー・ポインターと赤外線イルミネーターの機能を合わせ持つ。赤外線は不可視光なので暗視装置を使用しなければならないが、夜間の中距離以上の射撃にも有効で、さらに天候などによる暗視装置の増幅機能の不足を補える　❻M4A1に取り付けられるようにしたショットガン。近接戦闘で威力を発揮する

＊RAS＝Rail Adapter Systemの頭文字。

22. ハンドガン

護身用から近接戦闘の主役へ

*ハンドガン（拳銃）は射程が短く命中精度が低いものとして、軍隊ではもっぱら護身用武器として扱われてきた。

しかし1990年代から特殊部隊を中心に、建物内部で敵と近距離で撃ち合うような近接戦闘では、ハンドガンは大きな威力を発揮することが認識されるようになった。正しい操作法を習得すれば、ハンドガンは有効な攻撃的武器となりうるのだ。現在では特殊部隊に限らず、通常の歩兵部隊でも拳銃射撃を積極的に訓練に取り入れている。

◀SIG P226

ショート・リコイル式のオートマチック・ピストル。9ミリ・パラベラム弾を使用。高い耐久性を持ち、水や泥に浸けても確実に作動する。イギリス軍などで使用されている。全長：196ミリ、重量：845グラム、装弾数：15発。

▶M9（M92FS）

アメリカ軍がM9（改良が加えられたベレッタM92）として制式採用しているダブルアクション・ピストルの最新型。9ミリ・パラベラム弾を使用。フレーム前方下部にアクセサリー装着用のマウント・レールが付く。全長：217ミリ、重量：970グラム、装弾数15発。

45ACP弾の威力を好むアメリカ海兵隊では、コルトM1911A1に新しいフレームやパーツを組み込んでリニューアルしたMEU（海兵隊遠征隊）ピストルを使用している。全長210ミリ、重量：1105グラム、装弾数：7発。

◀FNファイブ・セブンN

ファイブ・セブンは、*FN P90の5.7ミリ×28弾 SS190（ライフル弾のようなボトル・ネック薬莢の小口径高速弾）を使用する大型ピストル。特殊部隊向けに開発された。口径：5.7ミリ、全長：212ミリ、重量：843グラム、装弾数：20発。

*ハンドガン=現代の軍隊で使われる拳銃は、ほぼ例外なくオートマチック・ピストル（自動拳銃）である。　*FN P90=ベルギーのFN社が開発したサブマシンガンの一種だが、ピストル弾より強力な弾薬（50メートルの距離でレベルⅢA程度のボディ・アーマーを貫通できる）を使用する。　*MEU=Marine Expeditionary Unitの頭文字。MEUは増強された海兵隊歩兵大隊を基幹として、混成ヘリコプター飛行中隊、兵站部隊、司令部部隊より編成されている。

Small Arms

●シューティング・ポジション

ハンドガンを両腕でしっかり保持することで照準が付けやすくなり、コントロールが容易になる。両腕は前方にただ伸ばすのではなく、利き腕が右の場合は右手を前方に付き出すようにし、左手は体の方へ引き付けるようにする。代表的な射撃姿勢にはウィーバー・スタンスとアソセレス（二等辺三角形）・スタンスの2つがある。前者は捜索など移動しながら射撃を行なう場合、後者は連続射撃を行なう場合に有利なスタンス。実際の戦闘では状況により使い分ける。

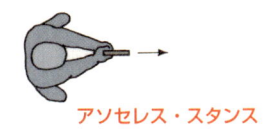

ウィーバー・スタンス

アソセレス・スタンス

ウィーバー・スタンスで射撃を行うアメリカ陸軍の兵士。

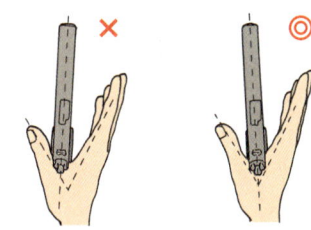

ハンドガンは、親指と人差指の延長線で作られるV字の谷の部分に、拳銃のグリップ後端の延長線が交わるように握る。銃を握っている腕の軸線上にハンドガンがまっすぐ位置するように構え、視線と銃口の方向を一致させる。

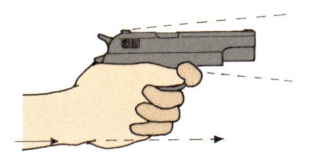

右手でハンドガンを正しく構えたら、左手を添えて保持する。左手の添え方にはいろいろあるが、イラストのようにトリガー・ガードに左手の人差指をかける方法もある。

23. 銃の口径と弾薬

弾薬＝あらゆる銃のパワーの実体

　ショットガン以外の銃の銃身内部には、ライフリングと呼ばれる数条の溝が切られている。ライフリングはゆるやかに斜めに刻まれているので、銃口を覗くと溝が螺旋を描いて見える。発射された弾丸は、このライフリングにより旋回運動を与えられることで直進性が高まり、弾道が安定するのだ。

　銃身の断面は、ライフリングにより谷（グルーブ）と山（ランド）の部分ができるわけだが、銃の口径は山と山を結んだ山径（ボア・ダイアメーター）で示される。

　ところで口径7.62ミリの弾薬といっても、同じ口径の銃ならばすべてが使えるわけではない。たとえば7.62ミリ×51NATOと7.62ミリ×39ロシアン・ショートでは、口径は同じでも弾薬の長さが異なるから、まったく互換性はない。そのため弾薬は口径×薬莢長で表記し、その後ろに固有の名称を付けて表記される。

●弾薬の構造と種類

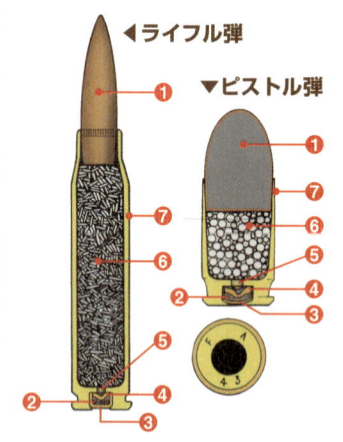

◀ライフル弾
▼ピストル弾

❶弾丸（発火金）　❷発火薬　❸雷管体　❹アンビル　❺雷管孔　❻発射薬　❼薬莢

　弾薬（カートリッジ）は、基本的に弾丸（ブレット）、薬莢（ケース）、発射薬（パウダー）、雷管（プライマー）で構成されている。弾丸は標的に向かう部分で、弾頭や発射体とも呼ばれる。発射薬（火薬）は燃焼してガスを発生させて弾丸の推進力となる。撃針に打たれて発火し、発射薬に点火するのが雷管。そしてこれらを収納する容器が薬莢で、底部に雷管をはめ、内部に発射薬を入れて、先端を弾丸でふさぐ構造となっている。銃に装塡された弾薬は薬室内に納められ、雷管部分を撃針で突かれることで発火し、弾丸が発射される。この基本的な構造と原理は、どの弾撃でも同じである。

　弾薬はピストル（拳銃）弾とライフル（小銃）弾に大別できるが、弾丸を始めとして発射薬や雷管や薬莢の形が大きく異なっている。ピストル弾は弾薬自体が小さく、銃身が短いので、燃焼時間の速い速燃性発射薬を使う。ライフル弾は長い銃身から発射されるので、ゆっくり燃焼する遅燃性発射薬が使われ、弾丸が銃口から飛び出す時に推進力が最大になるようにしている。ライフル弾の弾丸は高速で長い距離を飛翔させるため、先端を尖頭型として全長を長くし、流線型のなめらかな形状となっている。

＊弾薬＝現代の銃では「弾丸を込める」という表現は正しくない。構造上「弾薬を込める」というべきである。
＊NATO＝北大西洋条約機構（軍事同盟）のこと。加盟国の銃の弾薬を共通化した規格であるNATO弾であることを示す。

Small Arms

●弾薬の大きさ比較
（スケール1/1）

12.7ミリ×99 NATO
M2重機関銃や50口径の対物ライフルで使用される。

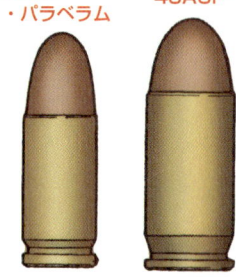

9ミリ・パラベラム

45ACP

[左]ピストル弾として最もポピュラー。[右]コルトM1911A1などで使用。45口径は11.43ミリ。

❶7.62ミリ×51 NATO

❷7.62ミリ×39 ロシアン・ショート

❸5.56ミリ×45 NATO

❹5.54ミリ×39

❶FN MAGなどのマシンガンやM24などのスナイパー・ライフルで使用される。❷AK-47シリーズやAKMなどのアサルト・ライフルで使用される。❸M16やG36、FA MAS、89式などのアサルト・ライフルで使用する。❹AK-74アサルト・ライフルなどで使用される。

第1章 小火器

24. 手榴弾と迫撃砲

長い歴史を持つ歩兵の基本装備

　ハンド・グレネード（手榴弾）とは、文字通り手で投げつける爆弾のことである。敵に対して物を投げつけるという行為は、人間が持つ攻撃本能からくる行為の1つであるから、ある意味で最も原始的な兵器といえるだろう。実際、手榴弾の原型は中世以前から見られ、火砲よりも古くから使われている兵器だ。

　現在のような手榴弾は第一次大戦で使われ始めたもので、至近距離の戦闘で絶大な効果を発揮する。爆風や破片によって塹壕や掩蔽物、建物に潜む敵を攻撃するために使用される。また武器や施設などの破壊にも有効だ。

　ひとくちに手榴弾といっても様々なタイプが存在している。おおまかに分類してみると、爆裂手榴弾（攻撃手榴弾）と破片手榴弾（防御手榴弾）、焼夷手榴弾や白燐手榴弾、非致死性の閃光音響手榴弾や催涙ガス手榴弾がある。また、信管の方式（着発信管［ぶつかると起動する］と時限信管、信管の点火形式など）で分類する場合もある。

手榴弾を投げる兵士。個人差もあるが、兵士が投擲できる距離は30〜50メートル程度だろう。爆裂手榴弾は"爆風（爆発力）"によって敵を殺傷するもの、破片手榴弾は爆発して飛散した"破片"によって敵を殺傷するものだ。爆裂手榴弾は攻撃手榴弾ともいわれ、手榴弾の弾殻を薄く作って内部に炸薬を詰めてある。攻撃時に使用されるため、投擲手が爆発の巻き添えを受けないよう、殺傷範囲が10メートル前後と威力が限定されている。

＊信管＝爆弾内に詰められている炸薬に点火する起爆装置。

Small Arms

破片手榴弾は爆発すると破片が周囲に飛び散って敵を殺傷する。弾殻部分は破片が効果的に飛散するように加工してある。殺傷範囲も大きく、投擲手が身を守る掩蔽物が確保できるような時に使用する。とはいえ、現在自衛隊でも使用しているM26手榴弾の有効殺傷範囲は15メートル程度。また投擲手が伏せている場合、半径3メートル以内で爆発しない限りほとんど被害を受けない。

▼M26手榴弾

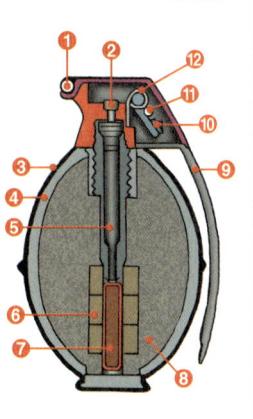

❶T型ラグ ❷雷管 ❸弾殻
❹刻み目を入れた鋼製ワイヤ
❺信管 ❻起爆薬 ❼遅延薬
❽炸薬（TNT）❾セフティ・レバー ❿撃鉄 ⓫安全ピン
⓬撃鉄スプリング

M26（通称：レモン）の後継であるM67（通称：アップル）を投擲するアメリカ軍兵士。

●歩兵に大きな火力を与える迫撃砲

迫撃砲は歩兵の近接支援用兵器として誕生した。射角45度以上で発射され、砲弾は曲射弾道を描く（落下角度は鈍角になる）。射撃時に高圧をかけなくても砲弾を発射できるので発射薬が少なくて済み、その分炸薬を多くできるため破壊力が大きいという特徴を持つ。単純な構造のため取り扱いや搬送が簡単であり、他の火砲より低コストで製造できる。

▼M244 60ミリ迫撃砲

《手持ち射撃時》

写真のM224は、破壊力は大きく軽量で操作が簡単、4名程度の兵員で移動から射撃操作まで行なえる迫撃砲として開発された。砲身、二脚架、台座、照準器で構成され、重量は21.1キロ、射程は70〜3940メートル。最大の特徴は1人でも手持ち射撃が行なえることだ。通常は射手と副射手で砲を操作するが、台座や二脚架を外すと重量8.2キロほどになるので、緊急時には1人で携行・射撃できる。手持ち射撃の時は予め砲弾を装填しておき、トリガーを引いて発射する。

❶砲身 ❷左右調整クランク ❸二脚架 ❹上下調整クランク ❺台座 ❻照準器 ❼手持ち射撃用射程表示計 ❽トリガー ❾キャリング・ハンドル ❿ファイリング・セレクター

第1章 小火器

25. グレネード・ランチャー(1)

グレネードをライフルで発射する

　グレネード・ランチャーは、人間の腕力では投擲するのに限界がある手榴弾を遠方へ飛ばすために開発された兵器だ。ライフルの銃口にランチャー(発射器)を装着して手榴弾を発射する方式をライフル・グレネード(小銃擲弾)と呼ぶ。手榴弾ならば最大でも50メートル程度しか投げられないが、ランチャーから発射すれば最大250メートルくらいまで飛ばすことができた。

▼発射原理と種類

❶ライフルのトリガーを引いて空包を発射すると、弾薬の燃焼ガスが銃腔内にたまって内部は高圧になる。

❷銃腔内にたまった燃焼ガスの圧力によってグレネード弾が発射される。このためグレネード弾には発射薬は充填されていない。

《カップ式》

《スピゴット式》

《スティック式》

　ランチャーは大別するとカップ式(内装式)とスピゴット式(外装式)があった。銃の先端にランチャーを取り付けるのは同じだが、ランチャー内部にグレネード弾を入れて発射するのがカップ式、ランチャーの口にグレネード弾の尾部をねじこんで発射するのがスピゴット式である。スピゴット式では専用の空包を使用する(この他にスティック式もあった。これは銃口に装填するだけで空包を使い発射できるという利点があったが、あまり普及しなかった)。

　歩兵の対戦車用兵器としてもライフル・グレネードが多用された。

▼カップ式グレネード・ランチャー

グレネード弾
カップ式グレネード・ランチャー

　第一次大戦で使用されたV-Bグレネード・ランチャー。アメリカ軍がM1917ライフルに装着して使用した。ライフルのトリガーを引いて空包を撃つと、弾薬の燃焼ガスが銃腔内にたまって高圧となり、燃焼ガスの圧力がカップ内のグレネード弾を撃ち出した。

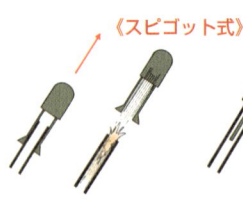

◀スピゴット式ランチャー

◀カップ式ランチャー

＊手榴弾を発射する方式=手榴弾を撃ち出すものもあるが、やがて専用のグレネード弾(擲弾)を発射するようになる。

Small Arms

●M1ガーランド・ライフル用グレネード

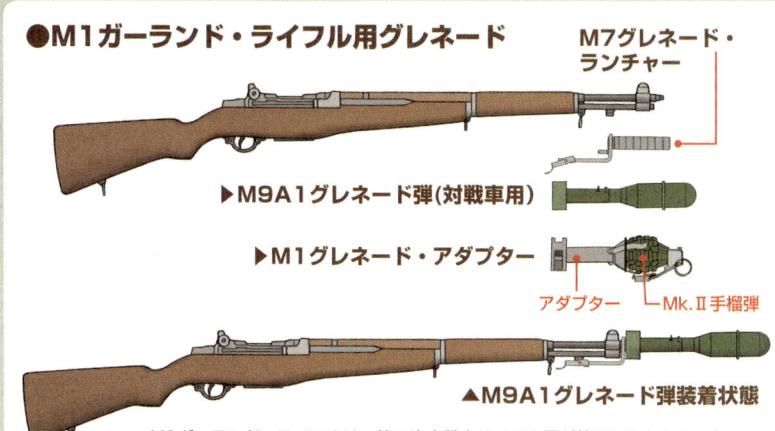

M7グレネード・ランチャー

▶M9A1グレネード弾(対戦車用)

▶M1グレネード・アダプター

アダプター　Mk.Ⅱ手榴弾

▲M9A1グレネード弾装着状態

M1ガーランド・ライフルは、第二次大戦中アメリカ軍が使用したセミオートマチック・ライフル。専用のM7グレネード・ランチャー(スピゴット式)を銃口に装着して、M9A1対戦車ライフル・グレネード弾やアダプターに取り付けたMk.Ⅱ破片手榴弾などを発射できた。M9A1は成形炸薬弾頭で、戦車のほかトーチカ攻撃にも使用された。

グレネード・ランチャーにグレネード弾をねじこむ。
グレネード弾が専用の空砲のガス圧で発射される

▼グレネード・ランチャーの発射準備

①ボルトをオープン

②カートリッジを装塡

ライフルの先端にランチャーを装着しておく

③ボルトを閉鎖する

④グレネード弾を装着する

⑤セフティ・ピンを抜いて発射準備完了

第1章 小火器

26. グレネード・ランチャー(2)

歩兵の火力を大幅アップする兵器

　1960年代末に開発され、現在でも使用されている傑作グレネード・ランチャーが米軍のM203である。これはM16アサルト・ライフルのハンドガード下部に装着して40ミリ・グレネード弾を発射できるようにしたものだ。単発式ながら最小安全距離約35メートルから最大有効射程350メートル（最大射程400メートル）までの距離で発射できる。M203で発射する40ミリ・グレネード弾には炸薬榴弾から催涙弾まで多種あり、弾種によっては小型の迫撃砲に相当するほどの威力がある。これにより、携行できる武器が限定される歩兵部隊に、大きな火力を提供することができるのだ。

▼グレネード弾の構造（M381高性能炸薬榴弾）

M203グレネード・ランチャーから発射されるM381高性能炸薬榴弾は、発射されると弾体の遠心力により安全装置が外れて信管が作動する。着弾して爆発すると榴弾外皮は300個以上の細かい破片となって飛び散る。殺傷範囲は直径10メートル。

❶圧力板
❷信管
❸榴弾外被
❹起爆薬
❺炸薬（RDX）
❻低圧チェンバー
❼高圧チェンバー
❽発射薬
❾ガス噴出孔

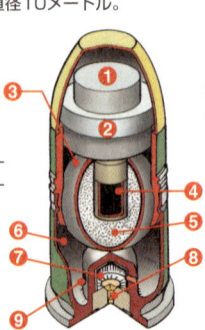

▼40ミリ・グレネード弾各種

▲M433 高性能炸薬多目的榴弾
▲M406 高性能炸薬榴弾
▲M681 照明弾
▲破片式榴弾 M585

▼M781パラシュート付き照明弾
▲M713発煙弾
▲M651催涙ガス弾
▼バックショット弾 M651

＊ハンドガード下部に装着＝この取り付け方式をアンダーバレル（銃身下部）式と呼ぶ。

Small Arms

●M203グレネード・ランチャー

照準装置

M203

▲M203 40ミリ・グレネード・ランチャー付きM16A2

ベトナム戦争で使用された単発擲弾銃M79を改造し、M16アサルト・ライフルで使えるようにしたのがM203グレネード・ランチャーである。ガス減圧システムにより低圧で発射されるため銃身に負担がかからないため、バレル部分はアルミ合金で作られている。そのため重量も軽い。

グレネード弾を装填

バレル・アッセンブリーを前方へ押す

▼M203グレネード・ランチャーの構造

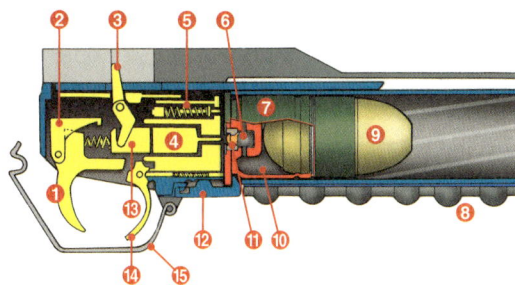

❶トリガー ❷シア(ハンマーを固定) ❸コッキング・レバー ❹ファイアリング・ピン ❺エジェクター(薬莢を外へ排出する) ❻高圧チェンバー ❼薬莢 ❽バレル・アッセンブリー ❾弾体 ❿低圧チェンバー ⓫発射薬 ⓬エキストラクター(薬莢をバレルから引き出す) ⓭ハンマー ⓮セフティ ⓯トリガー・ガード(手袋をしたままでも操作できるようにガードを下方へ外せる)

バレル・アッセンブリーを前方へ押してグレネード弾をバレル内に挿入する。バレル・アッセンブリーを前方へ押したことでコッキング・レバーがハンマーを後方へ押し、シアによってハンマーが固定されて発射準備完了となる。トリガーを引くとシアが外れ、ハンマーがファイアリング・ピンをたたき、ピンが弾の発射薬部を点火させることで発射が行なわれる。発射薬の点火により高圧チェンバー内が高圧になり、それから孔より低圧チェンバー内へ噴き出し、一気に膨張することで弾体を前方へ押し出して発射する。この時、高圧ガスが低圧チェンバー内でうねるように噴出して弾体に回転を与え、バレルから飛び出した後に弾道が安定する。

▼発射原理

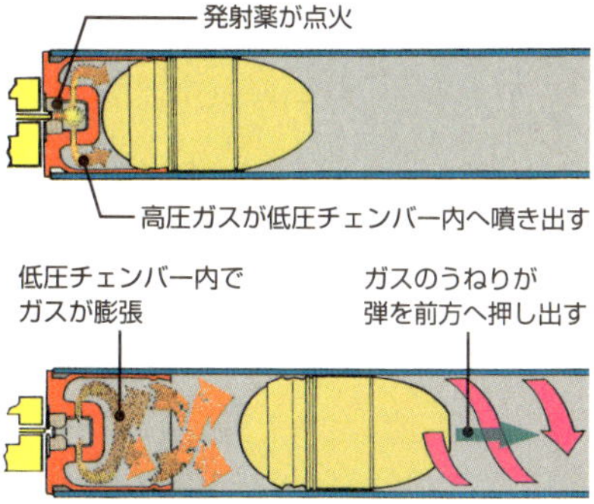

発射薬が点火

高圧ガスが低圧チェンバー内へ噴き出す

低圧チェンバー内でガスが膨張

ガスのうねりが弾を前方へ押し出す

第1章 小火器 69

27. グレネード・ランチャー(3)

ロシア軍のグレネード・ランチャー

AK-47やAK-74に代表されるカラシニコフ・シリーズのアサルト・ライフルは、ロシアをはじめ世界各国で様々なバージョンが開発されている。アクセサリーも豊富で、グレネード・ランチャーも旧ソ連製のGP-15、GP-25、ロシア製の現用GP-34、ポーランド製のKbK Wz1974がある。いずれもアサルト・ライフルの銃身下部に取り付けるアンダーバレル式だ。

●ロシア軍の空挺隊員

イラストは2000年代に入り大幅に近代化されたロシア軍の空挺部隊隊員。ボディ・アーマーの上に装備品を携行するためのタクティカル・ベストを着用している。個人装備の更新が遅れていたロシア軍も、最近ではアメリカやEU諸国の軍隊と変わらなくなった。アサルト・ライフルAK-74MにはGP-34グレネード・ランチャーを装着している。パラシュート降下を行なうことも多い空挺隊員は携行する装備や武器が限定されるため、小型軽量ながら大きな威力を発揮できるグレネード・ランチャーは重要な兵器なのだ。

❶コンバット・バリスティック・ヘルメット ❷6B13 Zabraloボディ・アーマー ❸Grad-2 Gunnerタクティカル・ベスト ❹グレネード弾ポーチ ❺GP-34グレネード・ランチャーを装着したAK-74M

Small Arms

●ロシア軍のグレネード・ランチャー

▼GP-34グレネード・ランチャーを装備したAK-74

GP-34

▼GP-15グレネード・ランチャー

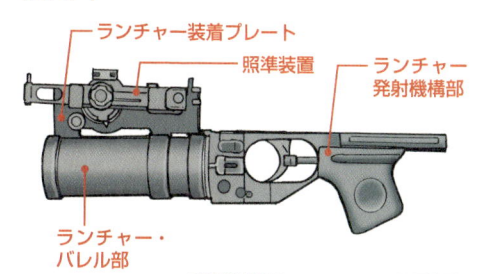

- ランチャー装着プレート
- 照準装置
- ランチャー発射機構部
- ランチャー・バレル部

GP-34は、現在ロシアのイズマッシュ社が生産販売している単発式グレネード・ランチャーで、AKM、AKMS、AK-74、AK-74M（近代化バージョン）などに装着するように設計された。VOG-25、VOG-25P、GP34などの40ミリ・グレネード弾を発射できる。射程は100～400メートルで、M203に近い性能を持つ。

- VOG-25瞬発破片榴弾（着弾の瞬間に爆発する）
- GP-34照明弾
- VOG-25Pエアバースト破片榴弾（接地後1.5メートルほどバウンドして空中で炸裂する）

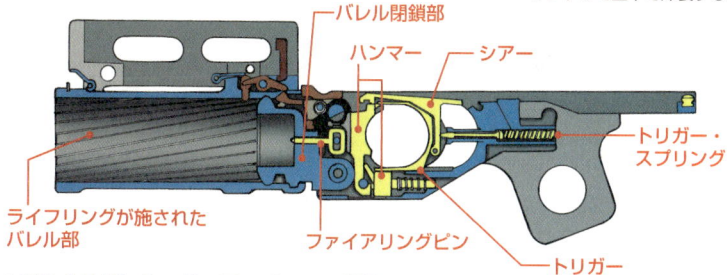

断面図ラベル：
- バレル閉鎖部
- ハンマー
- シアー
- トリガー・スプリング
- ライフリングが施されたバレル部
- ファイアリングピン
- トリガー

▲GP-15グレネード・ランチャーの構造

40ミリ弾を発射するロシアの最初のグレネード・ランチャーがGP-15。これはバレルの下にあるバヨネット・ラグ部分に装着する方式だった。GP-15をベースに開発され、旧東側諸国で使用されているGP-25が、現在のGP-34の元になっている。特徴的なのはグレネード弾に薬莢が付いておらず、弾内部に発射薬が装填されていること。発射薬が点火すると燃焼ガスを弾尾部から噴射してロケット弾のように発射される。弾はバレル内のライフリングにより弾道が安定する。

28. グレネード・ランチャー(4)

進化するグレネード・ランチャー

　現在各国で使用されているグレネード・ランチャーには、アサルト・ライフルのハンドガード下部に装着するM203のようなアンダーバレル式のほか、ライフルの銃口に装着して発射するライフル・グレネード(FA-MASに取り付けるリュシェールや自衛隊の06式小銃擲弾など)がある。

　これらアサルト・ライフルと組み合わせるもの以外に、擲弾銃と呼ばれる単体のグレネード・ランチャーもある。これはベトナム戦争で活躍した単発のM79グレネード・ランチャーが有名だが、現在ではグレネード弾を回転式や箱型の弾倉に装填して連続発射が可能なものが数多く開発されている。

　アメリカ陸軍では空中爆発モードを持つ25ミリ・グレネード弾を連続発射できるXM25 IAWS(空中爆発式個人携行兵器システム)を開発し、アフガニスタンで試験運用を行なっているという。

　なお、アサルト・ライフルとグレネード・ランチャーを一体化し、FCS(火器管制装置)で照準を行なうフランスのGIAT PAPOPやアメリカのOICWなど、歩兵用統合火器システムの開発も行なわれているが、重量などの問題から、いまだ実用兵器として完成されたものはない。

アメリカ海兵隊で使用されているM32(MGL140)グレネード・ランチャー。40×46ミリ・グレネード弾(非致死性の催涙弾から致死性の破片弾まで多種の弾薬が使用できる)を3秒間に1発ずつ、最小30メートルから最大400メートルまでの射程で発射できる。照準器が付いていて、かなり正確な射撃が行なえる。回転弾倉には6発装填可能。南アフリカのミルコー社製。

Small Arms

米軍現用のM203グレネード・ランチャーに替わって採用されたXM25は、弾倉を銃床部に配置したいわゆるブルパップ式で、上部にレーザー・レンジファインダーを装備したFCSが付く。目標に照準を合わせるだけでFCSが自動的に弾道を計算して照準操作を行なう。発射する25ミリ・グレネード弾は被害を大きくするため空中で爆発する空中爆発モードと、固いものに当たった瞬間に爆発する瞬発モードの2つのモードがあり、モードを信管にインプットすることで選択した方法で爆発させることができる。最大射程は700メートル(モードにより異なる)開発メーカーはH&K社とアライアント・テックシステムズ社が共同で行なっている。

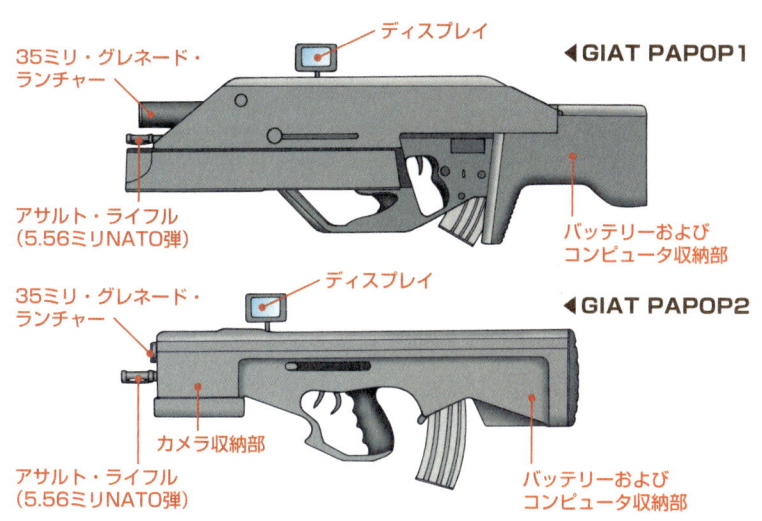

XM25 AWS▶
(試作型)

◀GIAT PAPOP1

- ディスプレイ
- 35ミリ・グレネード・ランチャー
- アサルト・ライフル(5.56ミリNATO弾)
- バッテリーおよびコンピュータ収納部

◀GIAT PAPOP2

- ディスプレイ
- 35ミリ・グレネード・ランチャー
- カメラ収納部
- アサルト・ライフル(5.56ミリNATO弾)
- バッテリーおよびコンピュータ収納部

フランスでは先進歩兵戦闘装備システム*FELINを開発し、2009年から実戦配備を開始している。現在のところFELINのウェポン・サブシステムはFA-MAS/G2をベースにして開発が進められているが、最終的には新しいものに更新される予定だ。それがPAPOP(POLYARME-POLYPROJECTILIES)で、5.56ミリNATO弾を使用するアサルト・ライフルと35ミリ・グレネード・ランチャーが一体化されており、OICW M29のような機能を持つ。重量は約7000グラム。

*IAWS=Individual Airburst Weapon Systemの頭文字。　*FELIN=P.220を参照。
*OICW M29=アメリカ軍の新世代歩兵用ライフル(P.232を参照)。

第1章 小火器

29. 対戦車兵器(1)

戦車以外にも使える汎用兵器

歩兵が戦車と戦うために開発された対戦車兵器は2つに大別できる。1つは高性能な誘導制御装置と強力な破壊力を持つ対戦車ミサイル。もう1つは、無誘導だが汎用性の高い対戦車ロケット弾である。

正規軍同士の戦闘よりもテロリストや反政府武装組織などとの戦闘が主流となっている現在では、コストが低く多用途に使用できる対戦車ロケット・ランチャーのほうが人気になっている。

ここではアメリカ軍の代表的な対戦車兵器を解説する。

米軍のFGM-148ジャベリンは、赤外線画像センサーを搭載した第三世代のミサイル。発射前に暗視照準器で目標をロックオンすると、シーカーが目標の赤外線画像を認識して、発射後は自動的に追尾・命中する撃ちっ放し式。装甲車両から建築物、低空飛行のヘリまで攻撃可能。ミサイルの赤外線シーカーの冷却に10秒程度しかかからず、目標発見から照準、発射まで約30秒といわれる。2003年のイラク戦争で初めて実戦投入されている。全長：1200ミリ、総重量：22300グラム。

◀FGM-148 ジャベリン

ジャベリンは指揮／発射ユニット(CLU)とミサイルを収納したミサイル・ランチャー・チューブで構成される。❶エンド・キャップ ❷赤外線画像装置レンズ ❸指揮／発射ユニット(CLU) ❹制御スイッチ類 ❺バッテリー ❻アイ・ピース ❼肩パッド ❽エンド・キャップ ❾ミサイル・ランチャー・チューブ ❿バッテリー冷却ユニット ⓫スリング

トップ・アタック・モードは装甲車両を攻撃する際に使用するもので、防護が脆弱な上方から目標に突入、撃破する。ダイレクト・アタック・モードは目標に直進する。ミサイルは圧縮ガスによって射出され、しばらくしてからロケットに点火する。

トップ・アタック・モード
最大上昇高度 160メートル
ダイレクト・アタック・モード
最大射程2000メートル

＊CLU=Command Launch Unitの頭文字。

Small Arms

ハンヴィーに搭載された発射器からTOW2B(TOW改良型)が発射された瞬間。TOWは第二世代の赤外線誘導方式の対戦車ミサイルなので、発射後も照準装置で目標を捕捉し続けて誘導してやる必要がある。ミサイルが繰り出すワイヤーで信号を伝える有線誘導式。

TOW2 ▶

TOW2の発射器。旋回部、誘導装置部、発射チューブ、三脚架、照準器の5つの基本パーツで構成され、ミサイルのランチャー・コンテナを加えて5名の兵員で運用する。発射器はデジタル化され、照準装置に暗視装置やレーザー測距装置の機能が加えられている。最大射程:3750メートル、総重量:約114000グラム。 ❶発射チューブ ❷光学照準器 ❸POST増幅器 ❹AN/TAS-4A暗視照準装置 ❺旋回駆動部 ❻POST増幅器ケーブル ❼三脚架 ❽ケーブル ❾デジタル式誘導装置

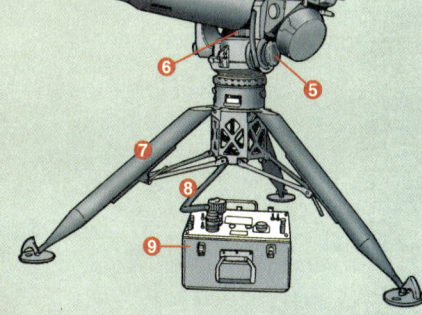

❶フロント・サイト ❷測距銃 ❸測距銃用コッキング・レバー ❹発射器 ❺バッテリー ❻トリガーおよびグリップ ❼光学照準器 ❽リア・サイト ❾ランチャー本体 ❿ランチャー・チューブ

▼SMAW

SMAWは肩撃ち式の多目的ロケット・ランチャーで、発射器本体の後ろにロケット弾を装填したランチャー・チューブを装着して使用する。無誘導だが低価格で、対戦車戦闘から敵の立てこもる建築物や障害物の除去など幅広く使える。初弾命中率を高めるために測距銃を装備。有効射程500メートルで装甲貫通力は600ミリといわれる。口径:83ミリ、全長:1357ミリ、重量:13400グラム。

*SMAW=Shoulder-launched Multipurpose Assault Weaponの頭文字。

30. 対戦車兵器(2)

ロシアの対戦車ロケット・ランチャー

昨今では高価な対戦車ミサイルよりも、多用途に使える対戦車ロケット・ランチャーのニーズが大きくなっている。各国が様々なロケット・ランチャーを開発・製造するなかで、ユニークな存在として異彩を放つのがロシア製のロケット・ランチャーだ。

RPG-32には「ハシム」という名称が付けられている。ロケット弾が充塡されたランチャー・チューブは2種類(口径105ミリは全長1.2メートル、口径72ミリは全長0.9メートル)あり、固形燃料を使ったロケット弾の有効射程は200メートル程度。

●RPG-30

- 105ミリ・タンデム型HEAT
- 小型ロケット弾
- 射手

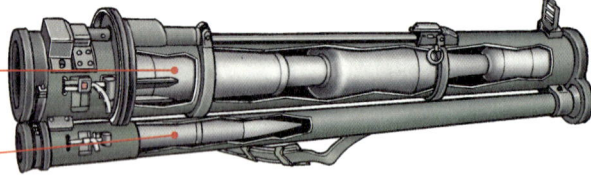

RPG-30は、メインのタンデム式HEAT(成形炸薬)弾頭を装備した105ミリ・ロケット弾(RPG-27のロケット弾)と、サブの小型ロケット弾を組み合わせた使い捨て式のロケット・ランチャーである。これは最近の装甲戦闘車両に導入されているAPS(アクティブ防御システム)に対抗するためだ。APSは自分に向かってくるミサイルやロケット弾を攻撃して防御するので、先に小型ロケット弾をデコイ(囮)として発射して敵のAPSを無力化し、メインのロケット弾で撃破するわけだ。RPG-30は、距離140メートルほどで600ミリの均質圧延甲板(リアクティブ・アーマー付き)を貫通できるとされる。

---

*タンデム式=成形炸薬を二段重ねにしたタイプのロケット弾。 *APS=Active Protection Systemの頭文字。トロフィーやクイック・キル、アリーナなどが知られている。

Small Arms

●RPG-32

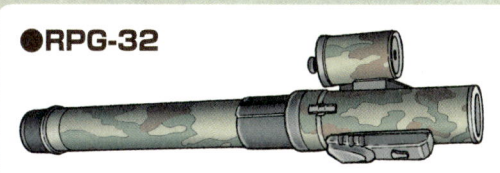

ヨルダンからの発注を受けてロシア連邦が開発した使い捨て式の対戦車ロケット・ランチャーがRPG-32だ。口径(ランチャー直径)は105ミリ。タンデム式成形炸薬弾とサーモバリック爆薬を使った多目的成形炸薬弾をそれぞれ搭載したものの2種類があり、いずれもランチャー・チューブに出荷時から装塡されている。

ランチャー・チューブ　照準装置　発射機構部

▼多目的成形炸薬弾

▼タンデム式成形炸薬弾

RPG-32はトリガーが付いた発射機構部、照準装置、ロケット弾を装塡したランチャー・チューブの3つの部品で構成される。出荷時の携行状態では発射機構部の中に照準装置を収納し、ランチャー・チューブの先端にキャップのように発射機構部を被せてある。使用時には照準器を取り出して発射機構部の側面に接続し、ランチャー・チューブを再び発射機構部に差し込むだけで発射準備完了となる。ランチャー・チューブは1回限りの使い捨てだが、発射機構部や照準装置は再使用できる。

●RPG-30とアクティブ式防御システム

メインのロケット弾は小型ロケット弾より0.2秒ほど遅れて発射され、小型ロケットの軌道をたどる。先に発射された小型ロケット弾がAPSを無力化しているので、メイン・ロケット弾が撃破できる(目標がAPSとリアクティブ・アーマーの二重の防御システムを装備している場合は撃破が困難になる)

接近する対戦車ミサイルやロケット弾をレーダー波が探知すると、目標の飛翔軌道上に防御用の発射体を打ち出す

ミリ波のドップラー・レーダーにより車体の周囲および上方を常時捜索

目標

車体表面の主要部分はリアクティブ・アーマーで覆って防御している

発射体は時限起爆により目標が近接した時点で爆発して破片をまき散らし、目標を破壊する

自身の装甲に加え、リアクティブ・アーマーとミリ波レーダーと防御用の発射体(小型ミサイルなど)を組み合わせたAPSの二重の防御システムを備えた装甲戦闘車両

最初に発射された小型ロケット弾(デコイ)が、APSやリアクティブ・アーマーなどのアクティブ式防御システムを爆発させ無力化してしまう

＊リアクティブ・アーマー＝爆発反応装甲。敵弾の命中の圧力に反応して爆発し、成形炸薬の効果を減殺させる装甲板のこと。

31. スナイパー（狙撃兵）

戦場の狩人・スナイパーとは

　姿を見せずに遠距離から指揮官を射殺し、部隊の行動を停滞させる。伝令や無線手を射殺して命令系統を混乱させる……。スナイパー（狙撃兵）は敵にとって実に恐ろしい存在である。1人のスナイパーが敵部隊を釘付けにする場合もある。狙撃は、非常に高い効果を発揮する戦術といえる。

　スナイパーは射撃技術のほか、カムフラージュ（擬装）、潜伏、情報収集、目標捕捉、作戦立案、サバイバルなどの高度な訓練を受けている。アメリカ軍やイギリス軍ではスナイパーを正規の歩兵部隊に配属せず、歩兵部隊を支援する存在と位置づけている。少人数のグループで敵地に潜入して狙撃任務を行なうなど、スナイパーにはかなりの自由な行動が認められているのだ。

アメリカ陸軍では、マークスマンと呼ばれる兵士が歩兵部隊に配属されている。彼らは正規のスナイパーほど高度な訓練は受けていないが、一般兵よりも正確な射撃を行なう訓練を受けた選抜射手である。身につける装備は一般歩兵と同じだが、通常のライフルを狙撃用に改造したマークスマン・ライフル（選抜射手ライフル）を使用する。フランスやイスラエル、ロシアなどでも、同様な目的でスナイパーを歩兵部隊に直接配属している。

Small Arms

スコープ（照準器）を真っすぐ覗き、標的と十字線をピタリと一致させなければ命中しない。スコープから覗いた光景の周囲に影ができるのは、真っすぐ覗いていない状態。

スコープを覗く時には、接眼レンズから眼を5〜10センチ離す（アイ・リリーフ）。スコープに顔を近づけすぎると、発射の反動でスコープがぶつかってケガをする。

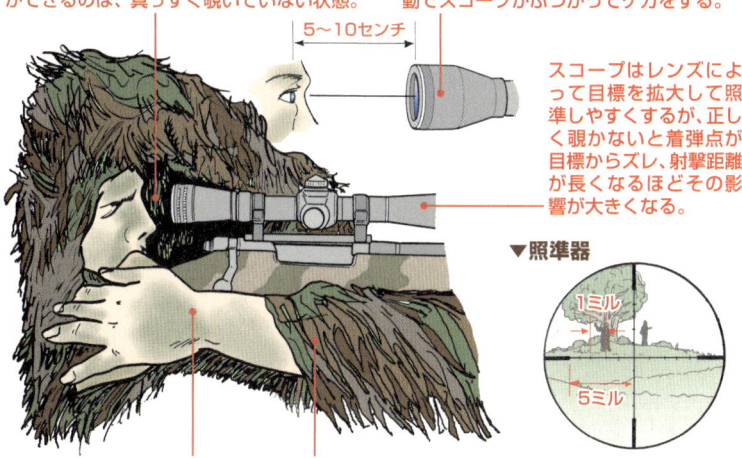

5〜10センチ

スコープはレンズによって目標を拡大して照準しやすくするが、正しく覗かないと着弾点が目標からズレ、射撃距離が長くなるほどその影響が大きくなる。

▼照準器

1ミル

5ミル

息を吐きながらトリガーを引いていき、息を止める。標的と十字線がピタリと一致したわずかな瞬間にトリガーを真っすぐ引き絞る。トリガーも真っすぐ後ろに引かないと、銃身がブレて命中しない。

銃をしっかり保持する。銃は毎回身体の同じ位置に構え、グリップは利き手でつかむ。

スコープ内には縦横の照準線が付けられており、それぞれ目盛りが10ずつ振られている。1目盛りは1ミル（1キロ先の1メートルの大きさ）を表す。上図のようにスコープの中の人間が2ミルに見えたとすると、人間の高さが1.8メートルならば、この人間までの距離は約900メートルと算出することができる。

▼射撃ポジション

狙撃ポジションにはいろいろあるが、中距離（300メートル以上）や長距離（500メートル以上）になると、座射や膝射、伏射が使われる。イラストは膝を立て、その上に左腕を置き射撃を行なう膝射のポジション。頬をしっかりストックに付け、左手は銃を握った右手を覆うようにストックにあてて、銃をかかえるようにして保持する。

▼エイム・ポイント

狙点

傾斜時の着弾点

水平における正しい着弾点

発射された弾丸は射距離が延びるほど重力の影響を受けやすくなる。遠くの目標を狙えば、弾道は大きく弧を描くことになる。射手はそれを考慮し、射距離に合わせて狙点を変えて撃つ。この時銃が傾いていると着弾点がズレてしまう。

●狙撃のテクニック

第1章 小火器

32. スナイパー・ライフル(1)

狙撃銃というより狙撃システム

　現代のスナイパー・ライフルは、工作精度の高い部品をバランスよく組み合わせ、さらに射手の好みに応じたカスタムが加えられた精密な兵器である。それは単純にライフルにスコープを取り付けたものではなく「狙撃システム」と呼ぶべきものだ。

　当然ながら狙撃システムは、専門訓練を受けたスナイパーでなければ、その性能を充分には発揮できない。

狙撃システムにはボルト・アクション式が多いが、セミ・オートマチック式も使われている。セミ・オート銃ならば、複数の目標に対して2発目3発目を素早く発射することができる利点がある。アメリカ陸軍では、M24SWSの後継としてナイツ・アーマメント社製のM110セミ・オートマチック式狙撃システムを2008年から使用している。全長：1029ミリ、重量：6940グラム、口径：7.62ミリ×51 NATO弾、作動方式：ガス圧利用式。有効射程：約800メートル。10発または20発の弾倉を使用できる。

木製ストックは温度や湿度によって微妙にたわんで弾着を狂わせるので、誤差の少ないグラス・ファイバー製のストック。

氷結防止システム

余計な力が入って照準を狂わせないため、張度の微妙な調整ができるトリガー・システム。

威力や命中精度を高めるため、使用する弾薬は射手自身が発射薬をハンド・ロード(手作業で火薬を詰めること)する場合もある。

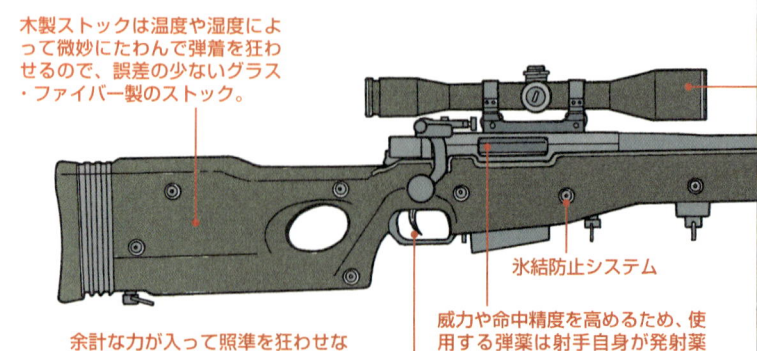

*SWS=Sniper Weapon Systemの頭文字。

Small Arms

アメリカ陸軍のM24SWS。レミントンの狩猟用ライフルM700BDLをベースに、強力な弾薬を使用できる機関部、マクミラン社の複合材製ストック、フローティング構造とした精度の高いバレル(銃身)、リューポルド社のウルトラM3ズーム式スコープ、バイポッド(二脚架)を組み合わせている。陸上自衛隊でも使用されている。全長：1092ミリ、重量：4400グラム、口径：7.62ミリ×51ウィンチェスター・マグナム弾、装弾数：5発、有効射程：約800メートル。

イギリス軍が採用したアキュラシー・インターナショナル社の最新型モデルL115A3。全長：1300ミリ、重量：6800グラム、口径8.59ミリ、有効射程：約1100メートル。

●狙撃システム

対人用の狙撃システムで使用する弾薬は7.62ミリが一般的。距離1000メートル程度までは、充分に目標を倒す威力がある。なお、アメリカ陸軍のM24SWSは、距離300メートルで直径10センチの円内に命中する要求仕様が出されている(ちなみに警察のスナイパー・ライフルの要求仕様は距離100メートルで直径6センチ程度)。

- 高倍率の照準器
- バレルはフローティング・バレルと呼ばれるもので、機関部のみで支えて銃床からわずかに浮かせた構造となっている。これは発射の際の振動を一定にして、弾道のブレを抑えるためだ。バレル自体も非常に工作精度の高いものに交換されている。
- 射撃時に銃を安定させ、姿勢や呼吸により照準点が動いてしまわないようにするバイポッド(二脚架)

CHAPTER 1

33. スナイパー・ライフル(2)

マークスマン・ライフルとは

　歩兵小隊に配属されるマークスマン（選抜射手）が使うマークスマン・ライフルは、スナイパーの狙撃システムほど精密な銃ではない。マークスマンは歩兵分隊と行動をともにし、状況に応じて狙撃兵となったり、一般兵のようにライフルマンとして近接戦闘を行なうこともあるからだ。

　このためマークスマン・ライフルは、一般兵の使用するオートマティック式ライフルをヘビー・バレルに換えるなどして狙撃銃に改造したもので、弾薬も共有できる7.62ミリNATO弾などが使われる。

M16A4（M16A2の改良モデル）を改造して狙撃銃にしたアメリカ海兵隊のSAM-R（分隊上級射手ライフル）。使用する5.56ミリ弾は弾丸重量が軽いため、長距離狙撃には向かない。

● SVDドラグノフ狙撃銃

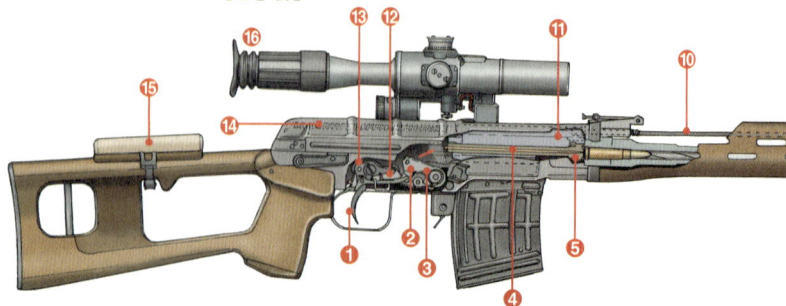

＊SAM-R=Squad Advanced Marksman-Rifleの頭文字。

Small Arms

7.62ミリNATO弾を使用するM14オートマチック・ライフルに徹底的な近代化改修を施したM14EBR(強化バトル・ライフル)。アサルト・ライフルとマークスマン・ライフルの中間的存在だ。

アメリカ海兵隊が、M14に近代化改修を施して狙撃銃としたM14DMR。175グレインのマッチ・グレードM118LR(長距離弾)を使用する。

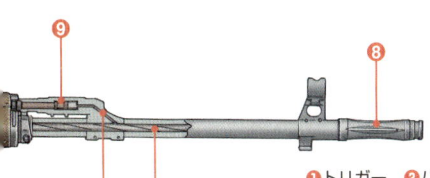

旧共産圏を代表する狙撃銃。セミ・オートマチック式でボルト・アクション式に比べると命中精度は落ちるが、非常に頑丈な構造。有効射程は1000〜1300メートル(実際の戦場では800メートル程度)。旧ソ連軍では自動車化ライフル連隊の各小隊にドラグノフを装備した兵士1名が配備されており、小隊の前進を妨げる障害を排除する任務を負っていた。全長：1217ミリ、重量：4400グラム、口径：7.62ミリR、装弾数：10発

❶トリガー ❷ハンマー ❸ハンマー・スプリング ❹ファイアリング・ピン ❺ボルト ❻ガス・ポート ❼バレル ❽フラッシュ・サプレッサー／コンペンセーター ❾ガス・ピストン ❿ピストン・ロッド ⓫ボルト・キャリア ⓬シア ⓭トリガー・シア ⓮リコイル・スプリング ⓯チーク・レスト ⓰PSO-1スコープ(倍率4倍)

*EBR=Enhanced Battle Rifleの頭文字。　　*DMR=Designated Marksman Rifleの頭文字。

34. スナイパー・ライフル(3)

強力なアンチ・マテリアル・ライフル

　ブローニングM2重機関銃に使用される*50口径弾(12.7ミリ×99BMG)を発射する大型のスナイパー・ライフルが、アンチ・マテリアル・ライフル(対物ライフル)だ。

　重い大口径弾を使用することで、通常のスナイパー・ライフルの射程をはるかに超える遠距離目標を狙撃できる。また、強力な貫通力でヘリコプターや軽装甲車両を攻撃できる。対物ライフルと呼ばれるが、いつのまにか対テロ用とか超長距離狙撃用などという名目で、対人射撃にも使用されるようになった。

50口径弾を発射する対物ライフルとして有名なバーレットM82A1。セミ・オートマチック式で連続射撃が可能。全長：1448ミリ、重量：12900グラム、装弾数：11発、有効射程：1800メートル。

バーレットM82A1を撃った瞬間の写真。重量のある弾丸を高速で撃ち出した銃口の先に空気が渦を巻いている。重量が700グラムある12.7ミリ×99BMGを秒速980メートルの初速で撃ち出す。弾倉からも、使用する弾薬がいかに大きいかがわかるだろう。

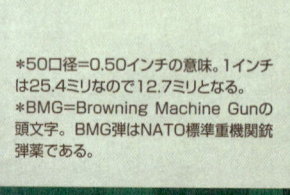

＊50口径＝0.50インチの意味。1インチは25.4ミリなので12.7ミリとなる。
＊BMG＝Browning Machine Gunの頭文字。BMG弾はNATO標準重機関銃弾薬である。

Small Arms

アキュラシー・インターナショナル社がL96A1をベースに開発した50口径の対物ライフルAW50。全長：1420ミリ、重量：15キロ、有効射程：1500メートル。ボルト・アクション式でストック部分を折りたためる。

フランス陸軍のヘカートⅡ（FR-12.7）。銃口部分に反動軽減用の大型マズル・ブレーキが装着されている。全長：1380ミリ、重量：13.8キロ、有効射程：約1800メートル。

2002年にカナダ軍の狙撃チームが、アフガニスタンで2430メートルという超長距離狙撃記録を出した時に使用された銃がマクミラン社のTAC-50。写真はその改良型のTAC-50A1。

第1章 小火器

35. ショットガン

近距離で絶大な威力を発揮する銃

　近距離における威力の凄まじさゆえ、ショットガン（散弾銃）は第一次世界大戦時から、塹壕戦での敵の掃討や近距離の防御用としてアメリカ軍に使用されてきた。ショットガンの特徴はバレル（銃身）にライフリングがないこと、＊ショットシェルという独特の弾薬を使用することだ。そのため命中精度はよくないが、様々な種類の弾薬が撃てる利点がある。現在でも軍隊では一般部隊から特殊部隊、暴動鎮圧任務にあたる憲兵隊までショットガンを装備しているほか、警察でもハンドガンの火力不足を補う火器として使われている。

ショットガンはあくまでも補助火器であり、アサルト・ライフルに代わる銃器ではない。近距離で弾幕を張るには向いているが、ライフリングのない滑腔銃身であるため命中精度は低く、射程は最大でも100メートル程度と短いからだ。ショットガンにはその内径により10、12、16、20、410ゲージとあるが、最も一般的なのが12ゲージである。[左上]アメリカ軍のショットガンM26 MASS。単体の12ゲージ・ショットガンとして使用している。全長：635ミリ、重量：2450グラム、装弾数：5発、有効射程：25メートル程度。　[左]M26 MASSは写真のようにアンダーバレル式にM4A1カービンに取り付けることもできる。全長：419ミリ、重量：1590グラム。

2009年にアメリカ海兵隊が評価試験を行なったMPS-AA12。フルオート射撃が可能なショットガンで、12ゲージ弾を使用。連射速度が毎分350発と速いが反動は非常に小さく、水に浸かった銃を取り出した直後に連射できるほど耐久性が高い。また特殊装弾FRAG-12（安定翼付き小型榴弾）も使用できる。全長：966ミリ、重量：4760グラム。

＊ショットシェル＝弾丸ではなく球形の散弾が込められている弾薬。日本では「装弾」と呼ぶ。　＊ゲージ＝日本では「番径」と呼ぶ。12ゲージの内径は18ミリ。　＊MASS＝Modular Accessory Shotgun Systemの頭文字。

ショットガンは、建物への突入時にドアのヒンジや鍵を吹き飛ばしたり、突入後に潜んでいる敵の掃討に有効だ。写真の海兵隊員が使用しているのは、ベネリ社が民間用に開発したガス作動式のショットガンをアメリカ軍が前線戦闘用として採用したM1014。全長：1010ミリ、重量：3280グラム、装弾数：7発。

●スナイパー探知システム

狙撃された時、敵が撃ってきた方向や位置を即座に把握することは難しい。そこで開発されたのがスナイパー探知システムだ。これは射撃時の発射音や通過する銃弾の衝撃波などを感知して射撃位置を特定する装置で、「距離500メートル、2時の方向」と音声やディスプレイ上に画像表示する。 ［右／下左］アメリカ軍が多用途装輪車ハンヴィーに搭載しているレイセオン社製のブーメランⅢ車両搭載型スナイパー探知システム。センサー・アレイ（マイク・センサー）により1秒以内に敵の位置を特定できる。 ［下右］アメリカ陸軍が2011年から支給しているIGO（個人用発砲探知機）。音響センサー❶と操作ディスプレイ装置❷で構成され、5.56ミリ弾および7.62ミリ弾に対応し、距離400メートル以内で誤差10パーセント以内とされる。

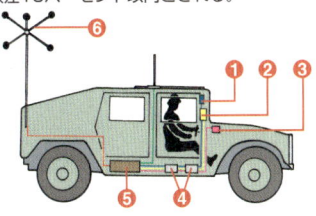

❶ディスプレイ ❷スピーカー ❸GPS ❹電源 ❺シグナル・プロセッシング・ユニット ❻センサー・アレイ

＊IGO＝Individual Gunshot Detectorの頭文字。

36. マシンガン(1)
火力不足を補強するマシンガン

歩兵部隊の火力不足を補うのが支援　火器である。このうち、反撃する敵に

●機関銃の運用法

迂回する
作戦行動グループ

分隊支援火器射手
(LSW)

ライフルマン
(R)

ライフルマン
(R)

射撃支援グループによる火力支援

Small Arms

猛烈な威力で弾丸を浴びせて動きを封じ、突入する味方兵士を支援するのがマシンガン(機関銃)だ。アサルト・ライフルも連射できるが、フルオートで撃てばすぐに弾倉は空になるし、構造的に長時間の連射は不可能である。

支援火器である機関銃は、銃身や機関部の過熱を防ぎ、連続的な給弾機構を備えることで長時間の連射を可能としている。また連射時にも正確に射撃できるように二脚(または三脚)が取り付けられている。

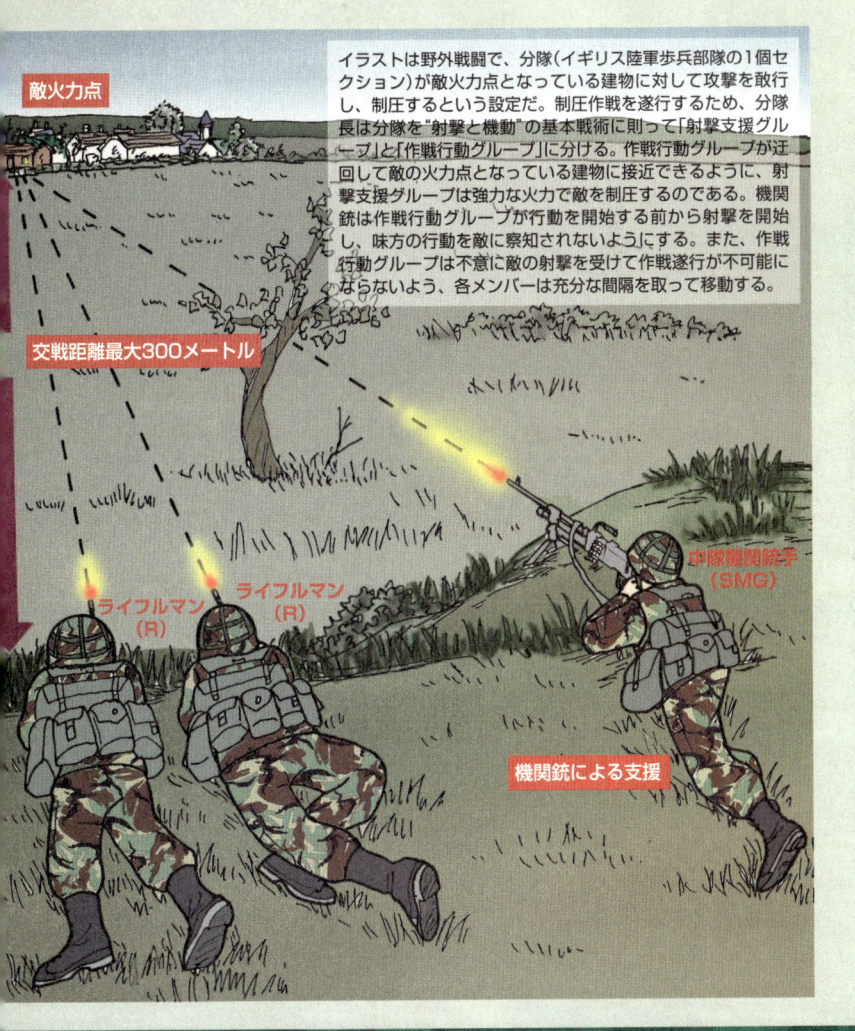

敵火力点

イラストは野外戦闘で、分隊(イギリス陸軍歩兵部隊の1個セクション)が敵火力点となっている建物に対して攻撃を敢行し、制圧するという設定だ。制圧作戦を遂行するため、分隊長は分隊を"射撃と機動"の基本戦術に則って「射撃支援グループ」と「作戦行動グループ」に分ける。作戦行動グループが迂回して敵の火力点となっている建物に接近できるように、射撃支援グループは強力な火力で敵を制圧するのである。機関銃は作戦行動グループが行動を開始する前から射撃を開始し、味方の行動を敵に察知されないようにする。また、作戦行動グループは不意に敵の射撃を受けて作戦遂行が不可能にならないよう、各メンバーは充分な間隔を取って移動する。

交戦距離最大300メートル

ライフルマン(R)　ライフルマン(R)　中隊機関銃手(SMG)

機関銃による支援

第1章 小火器

37. マシンガン(2)

分隊支援火器と汎用機関銃

マシンガン(機関銃)は、次のように大別できる。①兵士1人で持ち運んで操作が可能で、分隊単位で装備して分隊の火力支援が行なえる「軽機関銃」。②軽機関銃が発射する5.56ミリ弾より威力の大きい7.62ミリ弾を使用し、小隊あるいは中隊に配備され、射手と弾薬手の2人で操作する「汎用機関銃」。③それ以上の12.7ミリ弾や14.5ミリ弾を使用し、3～4名の機関銃チームを編成して運用する「中・重機関銃」。一般的に、歩兵小隊や分隊で使用されるのは汎用機関銃までだ。現代の軍隊の装備に置き換えると、軽機関銃はアメリカ軍などで使用されている「分隊支援火器」に相当する。

汎用機関銃の役割は、歩兵の前進を側面から火力支援することにある。写真のM60やM240などの汎用機関銃は7.62ミリ弾を使用するので、5.56ミリ弾を使用する分隊支援火器より射程が長く、威力もはるかに大きい。つまり遠くから有効な援護射撃が行なえる。そのため、分隊支援火器のように歩兵とともに移動して射撃を行なう火器ではない。

Small Arms

たとえば分隊員が敵に突入するのに後続して火力制圧するなど、前進するライフルマンや分隊長と行動を共にして火力支援を行なうのが分隊支援火器。アサルト・ライフルと同じ弾（5.56ミリNATOなど）を使用するが、分隊支援火器はライフルよりも多少射程が長く、連続して火力を集中できるので分隊の火力を補強できる。分隊支援火器として有名なのが写真のM249 SAW。有効射程：600メートル、発射速度：毎分700〜1000発。歩兵12名分の火力を持つとされる。

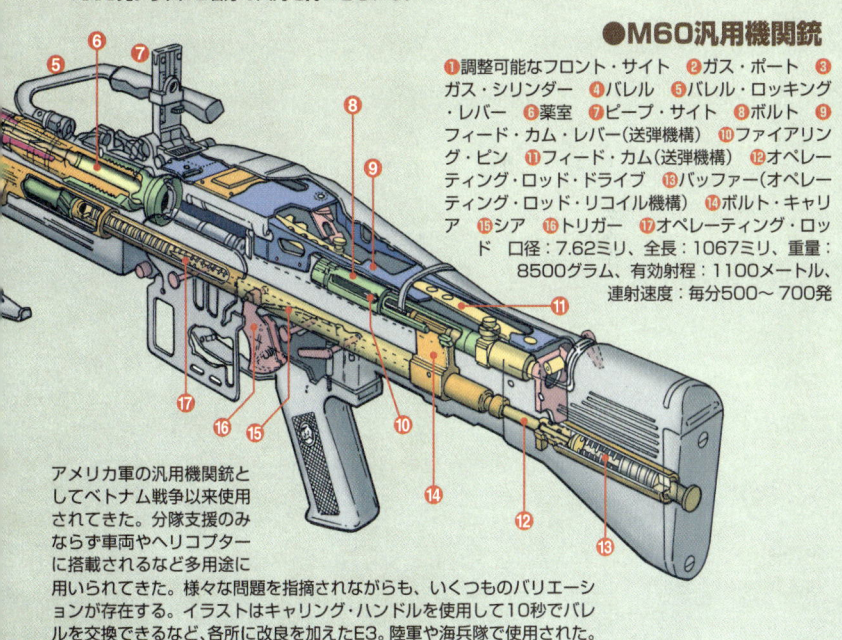

●M60汎用機関銃

❶調整可能なフロント・サイト ❷ガス・ポート ❸ガス・シリンダー ❹バレル ❺バレル・ロッキング・レバー ❻薬室 ❼ピープ・サイト ❽ボルト ❾フィード・カム・レバー（送弾機構）❿ファイアリング・ピン ⓫フィード・カム（送弾機構）⓬オペレーティング・ロッド・ドライブ ⓭バッファー（オペレーティング・ロッド・リコイル機構）⓮ボルト・キャリア ⓯シア ⓰トリガー ⓱オペレーティング・ロッド　口径：7.62ミリ、全長：1067ミリ、重量：8500グラム、有効射程：1100メートル、連射速度：毎分500〜700発

アメリカ軍の汎用機関銃としてベトナム戦争以来使用されてきた。分隊支援のみならず車両やヘリコプターに搭載されるなど多用途に用いられてきた。様々な問題を指摘されながらも、いくつものバリエーションが存在する。イラストはキャリング・ハンドルを使用して10秒でバレルを交換できるなど、各所に改良を加えたE3。陸軍や海兵隊で使用された。

＊M249 SAW＝ミニミの名称で知られる。SAWはSquad Automatic Weaponの頭文字。Squadは分隊の意。

38. マシンガン(3)

様々な機関銃と運用法の違い

　第一次大戦の戦訓から、歩兵部隊は軽機関銃を中心に構成されるようになったが、突撃では機関銃が強力な火力により敵を制圧して突入するライフル兵を掩護し、射撃戦ではライフル兵が機関銃を掩護するという新しい発想が生まれ、その実現のために開発されたのが汎用機関銃(多用途機関銃)である。汎用機関銃は持ち運びやすい空冷式の機関銃で、三脚を付ければ重機関銃、付けなければ軽機関銃として使用できるもので(車載も可能)、第二次大戦後の機関銃はこれが主流となった。7.62ミリ弾を使用し、分隊支援火器(軽機関銃)よりも射程が長いのが特徴だ。

　重機関銃は12.7ミリ弾のような大口径の弾薬を使用する機関銃で、1人で携行・運用することは不可能だ。現在では、汎用機関銃と比べて使用されている重機関銃の種類は少ない。

▼62式機関銃

1962年に採用された自衛隊の機関銃。二脚を付ければ軽機関銃、三脚を付ければ重機関銃として使用できる汎用機関銃。使用弾薬は7.62ミリNATO弾。全長：1200ミリ、重量：10700グラム、発射速度：毎分600発

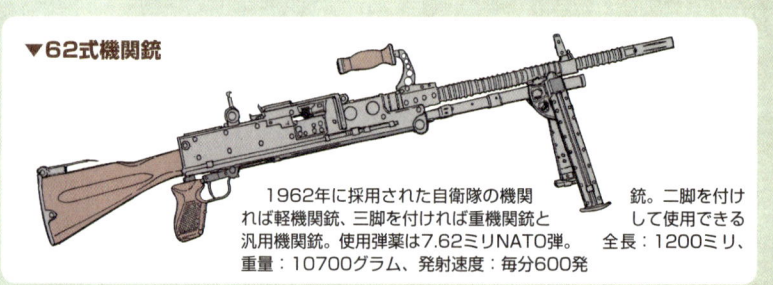

写真のMG3汎用機関銃は、第二次大戦でドイツ軍が使用したMG42を戦後にラインメタル社が改良を加え、使用する弾薬を7.62mm NATO弾に変更したもの。給弾ベルトも分離式のM13リンク(NATO標準)が使用できる。発射速度を毎分750～1150発と変更できる。歩兵用の機関銃以外にも、戦車や装甲車輛の車載用や対空射撃用などにも使用されている。

Small Arms

写真のM240は、ベルギーのFN社が開発したFN MAGをライセンス生産してアメリカ軍が採用した汎用機関銃。プレス加工が多用され生産性が高く、多用途に使用できる銃になっている。シンプルな構造のFN MAGは信頼性の高い機関銃で、75か国以上が採用している。全長：1260ミリ、重量：11000グラム、発射速度：毎分650発

M2重機関銃の後継として開発中のXM312。12.7ミリ弾を使用しながら重量はM2の半分しかなく、有効射程は2000メートルで威力はほとんど変わらない。2名の兵士で扱うことが可能であり、これまでの重機関銃とは異なる運用法が見つかるかもしれない。

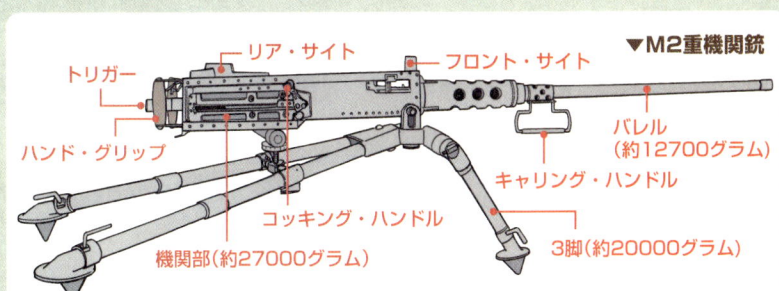

▼M2重機関銃

- リア・サイト
- フロント・サイト
- トリガー
- バレル（約12700グラム）
- ハンド・グリップ
- キャリング・ハンドル
- コッキング・ハンドル
- 機関部（約27000グラム）
- 3脚（約20000グラム）

　1933年に採用され、現在も使用され続けている50口径（12.7ミリ）のM2重機関銃。強力な火力を持つ重機関銃の代名詞であり、世界各国に供与されている。イラストのように三脚に据えて使用するほか、車載銃やヘリコプターの搭載銃として使われている。全長：1666ミリ、重量：45350グラム（無装填）、発射速度：毎分2900発

39. 歩兵部隊の基本単位

基本戦闘単位は歩兵小隊

●歩兵ライフル小隊の編成

ライフル小隊本部は小隊長(中尉)、小隊付軍曹、小隊無線手、機関銃班2個(射手と助手の2名。M60あるいはM240を装備)で構成される。場合により衛生兵、前線観測手などが配属される。
ライフル分隊は分隊長(軍曹)、射撃班長(伍長)2名、M16A2を装備するライフルマン2名、M249を装備するSAW射手2名、M203グレネード・ランチャーを取り付けたM16A2を装備する擲弾筒

ライフル小隊本部

- 小隊長 (PL)
- 小隊付軍曹 (PSG)
- 小隊無線手 (RATERO)
- 衛生兵 (AIDMAN)
- 前線観測手 (FO)
- 機関銃班 (GPMG) — 射手・副射手
- 機関銃班 (GPMG) — 射手・副射手

第1ライフル分隊

- 分隊長 (SL)
- 射撃班長 (FTL)

第2ライフル分隊

第3ライフル分隊

Small Arms

　陸軍において基本となる兵科は、現代においても歩兵である。21世紀に入ってアメリカ陸軍が編成・運用しているストライカー旅団戦闘団のように多数の装輪式装甲車両で編成された部隊でも、下車戦闘を行なう歩兵を重視している。

　そして歩兵部隊の基本戦闘単位となるのが歩兵ライフル小隊。歩兵小隊を編成するのは最小戦闘単位となる歩兵ライフル分隊で、アメリカ陸軍の場合、歩兵小隊は歩兵分隊3個と小隊本部で構成されている(これは機械化歩兵でも一般の歩兵でも同じ)。

手2名の計9名(対戦車ミサイルは分隊長が2名のライフルマンのどちらかを射手に選ぶ)。分隊長は場合により、分隊を4名1組とした射撃班2個に分けて戦闘を行なうこともある。

《射撃班》　　　　　　　　　　　　　《射撃班》

SAW射手　擲弾筒手　ライフルマン　射撃班長　SAW射手　擲弾筒手　ライフルマン／
(AR)　　(GRN)　　(R)　　(FTL)　　(AR)　　(GRN)　　対戦車ミサイル射手
　　　　　　　　　　　　　　　　　　　　　　　　　　　　　　(RMAT)

※兵員の構成は第1分隊と同じ

※兵員の構成は第1分隊と同じ

第1章 小火器

CHAPTER 1

40. 歩兵の基本戦術(1)

戦闘時の射撃と機動のテクニック

敵に接近した戦闘では、歩兵分隊を分割した4名1組の射撃班での行動が原則となるが、より敵に接近した状況では、これをさらに分けた2名1組のペアで行動することもある。この場合も、歩兵の基本戦術である「ファイア・アンド・ムーブメント(射撃と機動)」が適用される。歩兵Aが掩護射撃を行ない、その射撃で敵を制圧している間に歩兵Bが移動して敵に接近。次に歩兵Bが掩護射撃を行ない、その隙に歩兵Aがよりよい位置へ移動する。このようにお互いに射撃と機動を繰り返すことで敵兵に近づき、最終的には排除するのだ。

イギリス陸軍の歩兵。戦闘行動では必要なものだけを携行して身軽でいたい。必要となるのは銃と予備弾薬(弾倉)、手榴弾、そして水である。野戦では、アサルト・ライフルのサイトは300メートル程度で照準を合わせておく。

ペア同士が意思の疎通を図り、互いの役割を考えて動く。信頼しあったパートナーとなら効率よく戦闘を行なえるし、戦場で生き延びる確率も高くなる。

*射撃で敵を制圧=制圧射撃と呼ばれるこの射撃は、必ずしも敵に命中させる必要はなく、頭を下げさせて敵兵の動きを止められればよい。

Small Arms

◀アサルト・ライフルの射撃

射撃は通常、セミオート(単射)で行なう。フルオート(連射)は近接戦闘や腰だめ射撃で有効な場合もあるが、肩撃ち(ストックを肩付けした射撃姿勢)の場合は弾薬の無駄になる。セミオートのほうが命中精度が高いので、1発ずつ連続して撃ったほうが、引き金を引きっぱなしにするフルオートよりも有効な射撃が行なえる。射撃では弾着をよく確認することも重要である。

◀弾倉の交換

歩兵戦闘はペアで行なうことが原則なので、「弾倉交換」と叫んでパートナーに知らせ、素早く弾倉を交換、ただちに射撃を再開する。また「ここぞ」という時に弾切れにならないよう、自分が発射した弾数を把握しておく。弾倉に弾薬を装填する際に、最後から3発目に曳光弾を入れておけば弾切れの予告となる。2人同時に弾倉交換とならないよう注意。

▼掩蔽物からの移動

戦闘行動では、パートナーの動きや位置を常に確認する。移動する場合は、パートナーが良好な位置に移動するのを待ち、掩護射撃ができることを確認してから自分も移動する。また交戦中に掩蔽物から移動する場合、射撃を行なっていたその場から立ち上がると敵に狙い撃ちされる危険がある。掩蔽物の後方や側方に匍匐(ほふく)で移動してから立ち上がるようにする。移動する時はジグザグに前進する。

第1章 小火器

CHAPTER 1

41. 歩兵の基本戦術(2)

戦闘時の射撃と機動の注意点

▼掩護射撃

交戦中、パートナーが敵に接近するために移動する場合は、必ず掩護射撃を行なう。歩兵Aは、歩兵Bが射撃を始めたら移動を開始する。Aは移動する前に必ず次の掩蔽物(隠れる場所)を探しておく。掩護射撃するBは、敵との交戦距離が短いほど多くの弾丸を発射して敵を火力制圧する(撃ち返せないようにする)。そして移動していた歩兵Aが次の掩蔽物に到達し射撃を開始したら、掩護していた歩兵Bが接敵のために移動を開始する。

▼敵の射撃からの退避

移動中、敵が突然撃ってきたら、すぐに最も近い掩蔽物に突進して姿を隠す。その際に敵の位置が明らかでなくとも、撃ってきたと思われる方向に短連射して敵を威嚇する。掩蔽物に隠れたら敵を発見するために周囲を監視し、位置がわかったらただちにパートナーに知らせる。1つの掩蔽物にじっと隠れているのではなく、反撃するために匍匐や地面を転がって、次の掩蔽物に移動して位置を変える。

Small Arms

▼接敵のための移動

敵に接近するほど撃たれる危険性が高くなる。敵に撃たれないよう、姿勢を低くして素早く移動する。地形や地物を最大限に利用して、敵に対して体をさらさないようにする。移動する前によく観察して次の掩蔽物を見つけておき、1回で移動する距離はできるだけ短くする。掩蔽物が少ない開放地での移動は煙幕（発煙弾）を使う場合もある。

◀掩蔽物と射撃

射撃を行なう時、掩蔽物の選択は重要だ。明らかに見えすいた掩蔽物は身を隠すどころか敵の標的になってしまう。孤立して立つ樹木を掩蔽物に利用するよりも、地面の起伏を利用したほうがよほどよい場合もある。身を隠すことはできても、敵の銃撃には耐えられない掩蔽物もあることに注意。また自分の利き手を考慮して掩蔽物を利用しないと、射撃が行なえなくなる場合もある。原則的に、射撃は敵よりも高い位置から行なうほうが有利となる。

CHAPTER 1

42. 歩兵の基本戦術(3)

歩兵が中心となる市街地戦闘

東西冷戦の終結以降、正規軍同士がぶつかり合う戦闘よりも、地域紛争やテロリストとの戦闘へと戦争の形態が大きく変化した。21世紀に入って、各国の軍隊はそれまでの野戦から都市部での戦闘に重点を置くようになっている。アメリカ陸軍では市街地での戦いをMOUT(都市部軍事作戦)と呼んでマニ

[左]市街地を移動する際、曲がり角から移動先を視察する時には視界の利くギリギリの高さまで姿勢を下げる。建物に接近して窓やドアのそばを移動する時には頭を低くする。地下室の開口部などを通過する時には足が見えないように開口部を飛び越すといった注意が必要だ。[下]市街地戦闘でも、常にチームで行動するのが鉄則である。それぞれが警戒する担当範囲を決めておき、役割を明確に分担しておくことが重要になる。戦闘行動中であれば、敵の潜む建物への突入では手榴弾を使うことが原則。

*MOUT=Military Operation in Urban Terrainの頭文字。

ュアルを作成し、訓練を行なっている。
　しかし、MOUTは難しい作戦である。イラク戦争で展開された市街戦は民間人の居住する場所で行なわれ、武装抵抗組織の敵と一般人の区別がつきにくいという問題が生じた。こうした地域は爆撃することはできないし、威力の大きな火砲を無闇に使うわけにもいかない。必然的に、市街地戦闘は歩兵が作戦の中心となるわけだ。

●市街地戦闘の特徴

空中
建物屋上
建物内部
地下室
地下鉄
下水道および地下トンネル

市街地戦闘の特徴は、地上だけでなく建物の屋上や内部、さらには地下施設までと、戦闘空間が3次元的になることだ。装甲戦闘車両は野戦のように威力を発揮できないため、主体となる歩兵を支援する戦闘形態になる。また掃討作戦などでは、どこに敵が潜んでいつ攻撃してくるかわからないので、非常に神経を使う。歩兵の移動や行動では、①常に姿勢を低くする、②オープン・エリア（どこからでも見下ろせるような開けた場所）は避ける、③移動する前に次の隠蔽地（身を隠す場所）を選んでおく、④可能な限り目立たないように移動する、⑤移動は素早く、⑥射撃支援でその場を制圧する（機関銃手は移動する味方の動きを確認し、火力支援の行なえる場所に位置するようにして、攻撃されたらすぐ反撃して制圧する）、⑦あらゆる状況を想定して突発的な事態にも対処できるようにする、といった市街地戦闘独特の基本ルールを守って行動する。

CHAPTER 2

Combat Equipments

第2章

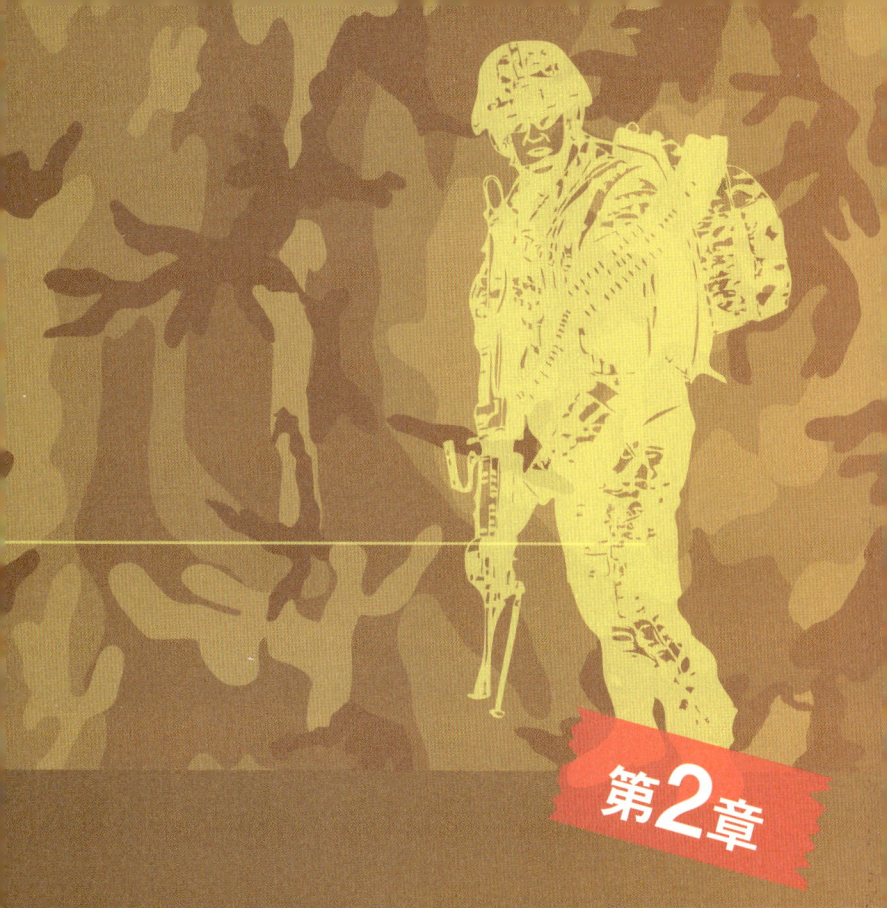

戦闘装備

迷彩戦闘服、ボディ・アーマー、ヘルメットから軍用無線機まで。
ここでは歩兵が身につけるものと、
小火器以外の必需品を紹介する。

CHAPTER 2

01. 迷彩戦闘服(1)

迷彩といえばウッドランド

1981年に出現し、迷彩戦闘服の代名詞のような存在だったのがウッドランド・パターンのBDU（戦闘服）である。ウッドランド・パターンとは、東西冷戦時代に主戦場として想定されていたヨーロッパ、特にドイツの森林地帯で効果を発揮できるようにデザインされた迷彩パターンのことである。

この戦闘服は、正式にはM81BDUといい、アメリカ軍兵士のために開発され、陸海空の三軍および海兵隊で使用された。その後、この迷彩パターンとBDUのデザインをまねた戦闘服が世界中の軍隊で使用されることになった。

アメリカ軍のウッドランド・パターンの迷彩BDUは1981～2005年まで使用された。大別するとBDUには初期型、中期型、後期型があり、中期型（1984～1995年頃まで生産された）からノンリップの厚手生地を使った汎用気候用と、リップ・ストップの薄手生地を使用した熱帯気候用が作られた。BDUは上衣と下衣で構成され、下衣は両大腿部に大型のカーゴ・ポケットを取り付けた6ポケット式のカーゴ・パンツになっている。

※BDU＝Battle Dress Uniformの頭文字。　※世界中の軍隊で使用＝これはアメリカが、同盟国に対して幅広く軍事援助を行なっていることが理由の1つであろう。

第1章 小火器
第2章 戦闘装備
第3章 生存装備
第4章 特殊装備
第5章 未来の歩兵装備

Combat Equipments

●ウッドランド・パターンの迷彩BDUの特徴

前合わせはボタン式（ボタン・フロント）で、ボタンは隠れるようになっている

開き襟（第1ボタンをかけることができるステン・カラー式）

ショルダー・ストラップ（本来はベルト・キットのサスペンダーを通して固定させるためのもの）

所属（アメリカ陸軍）を示すタグ

ネーム・タグ

フラップ付きパッチ・ポケット

タップを固定するボタン

肘部補強用当て布

袖口を絞るためのタップ。イラストのようにボタンで固定する

胴体部分を絞り、体に密着させるためのタップ。ボタンで固定

下部のフラップ付きポケットは容量が大きくなるようにマチが付いている

フォワード・ポケット

左胸ポケットの内側には筆記用具を収納する小型ポケットが設置されている

ベルト・ループ

ベルトを使用しなくてもウエスト部を体に密着するように調節できるアジャスターが、パンツのウエスト・ベルト部両側に付いている

パンツの両側膝部分にカーゴ・ポケットが設置されている。ポケットの容量を大きくするためプリーツを付けたフラップ付きパッチ・ポケットになっている

ボタン・フライ式の前合わせ

膝部分は当て布が付いた二重構造になっており、内部に膝パットを挿入できる

BDUの下衣は6ポケット式のカーゴ・パンツ。イラストは前面。後面には2個のヒップ・ポケットが付いている

イラストは後期型BDUの上衣および下衣のカーゴ・パンツ。後期型はコットン、ナイロン50パーセントずつの混紡、リップ・ストップのあや織り生地を使ったオール・シーズン対応型。後期型では赤外線に対する被視認性も考慮されている

履き口からブーツに異物が入ったり、裾部分を引っかけたりしないように裾部を締めるための紐

第2章 戦闘装備

02. 迷彩戦闘服(2)

デジタル迷彩パターンの戦闘服

2004年にアメリカ陸軍は、*UCP(万能迷彩パターン)と呼ばれる新しいデジタル迷彩パターンの*ACU(陸軍戦闘ユニフォーム)を採用した。それまでの戦闘服の迷彩は"発見されないこと"を重視したものだったが、UCPでは発想を転換して"発見された場合に印象に残りにくいこと"を重視して開発された。このパターンは1970年代に行われた、人間による物体の形状認識についての研究に基づいて、コンピュータ・デザインにより開発され、都市部、森林地帯、砂漠地帯などあらゆる地形に対応できる迷彩となった。

コンピュータ・デザインにより開発されたUCPを取り入れ、デザインを1980年代に採用された戦闘服BDUから一新したのがACUである。ACUではボタンを使用せず*ベルクロを多用、ボディ・アーマーの着用を前提としてシンプルにデザインされている。ACUは上衣と下衣で構成され、下衣はカーゴ・ポケット・パンツ。素材はコットン、ナイロン50パーセントずつの混紡で、リップストップ・ナイロン(布地に裂け目ができても、それ以上裂け目が広がらない)になっている。

*UCP=Universal Camouflage Patternの頭文字。　*ACU=Army Combat Uniformの頭文字。　*ベルクロ=いわゆるマジック・テープのこと。

Combat Equipments

- 両腕部分にフラップ付きパッチ・ポケットを設置。ポケットにはベルクロが施され、フラップには赤外線マーカーが付く
- 肩部分にタックが入っている
- ステン・カラーからチャイナ・カラーに変更された
- 階級章取り付け部
- 肘部分は当て布を施した二重構造。内部に肘パッドを挿入可能
- 袖口部分にはタップが付き、手首に合わせて絞ることができる。タップはベルクロで固定する
- カラー(襟)はベルクロで開閉する方式
- 腕ポケットのベルクロ部分には所属部隊のパッチなどを付ける
- ペン・ポケットが左袖の前腕部分に設置された
- 前合わせは素早く開閉できるようにジッパー式に変更された
- ネーム・タグ類はベルクロ着脱式に変更された
- ウッドランド迷彩のBDUパンツはウエスト部分の調整をアジャスターで行っていたが、ACUではパンツ開閉部ウエスト・バンド内部に引き締め紐を通し、紐で調整するように変更された

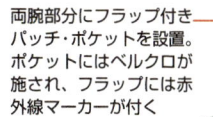

●ACUの特徴

- ヒップ部分を補強するために当て布(ヒップ・パッチ)が付いた
- 両足太腿部のカーゴ・ポケットの角度が変更され使い易くなった
- ベルト・ループ
- フォワード・ポケット
- ヒップ・ポケット
- カーゴ・ポケットはプリーツ付きのフラップ付きパッチ・ポケット。内部には小型ポケットが設置されている
- ペン挿し

◀前部 　　◀後部

- 裾部締め紐
- 乗車姿勢で物を出し入れしやすいように両前下腿部分に小型フラップ付きパッチ・ポケットが付いた
- フラップを開閉せずに物が出し入れできるように、サイド・ジッパーがカーゴ・ポケットに付いている

03. 迷彩戦闘服(3)

あらゆる地形に対応できる迷彩服

　2010年にアメリカ陸軍では、アフガニスタンでの運用試験の結果に基づいて、それまで使用されていたデジタル迷彩パターンのUCP(万能迷彩パターン)に替わって新型迷彩パターンのマルチカム(アメリカ陸軍での名称はOCP)を採用した。それにともない戦闘服のシャツやパンツも新型になった。これはACU(陸軍戦闘ユニフォーム)と似たデザインだが、戦場での体の激しい動きを制限しないようにストレッチ織りにすることで布に伸縮性を与え、ジャージのような着用感がある。さらにACP(戦闘パンツ)は素材に耐火性レーヨン、パラアミド繊維、ナイロンを混紡することで耐火機能を持たせている。これらACPやACS(戦闘シャツ)のデザインは他国の軍隊でも導入されている。

マルチカムの迷彩パターンはイギリスやオーストラリア軍でも採用されている。写真はオーストラリア兵で、アメリカ軍のACPと同じものを履いている。

OCPとして採用されたマルチカムは、クレイ・プレシジョン社が開発したあらゆる地形に対応できるという迷彩パターン。アメリカ軍ではアフガニスタンで試験運用を実施した結果、UCPよりも優れていたことから採用され、2010年からOCPの迷彩戦闘服がアフガニスタンに展開する部隊に優先的に支給されている。

*OCP=Operation Camouflage Patternの頭文字。　*ACP=Army Combat Pantsの頭文字。　*ACS=Army Combat Shirtの頭文字。

Combat Equipments

▼ACS

ACSはコットンとレーヨンを主素材に、スパンデックス、ポリエステルを加えた素材で作られた戦闘シャツ。戦闘装備を装着する胴体部はシャツ状、腕部はACUのような迷彩になっている。両上腕部にはファスナー開閉式のパッチ・ポケット❶が付いている。また両肘部分は弾力性を持つ素材を使用した衝撃吸収構造の肘当てが付いている。

胴体部分はサイド❷がOCP(マルチカム)のACUと同じデザイン(ボディ・アーマーを着用しても外側から見える部分の迷彩効果を高めるため)。前面および背面は高い通気性と吸湿性、即乾性を持つように加工されている。さらに胸❸と腹❹部分はメッシュ状になっている。これはボディ・アーマーやプレート・キャリアーを着用した際に胴体部がオーバーヒートしないようにするためだ。

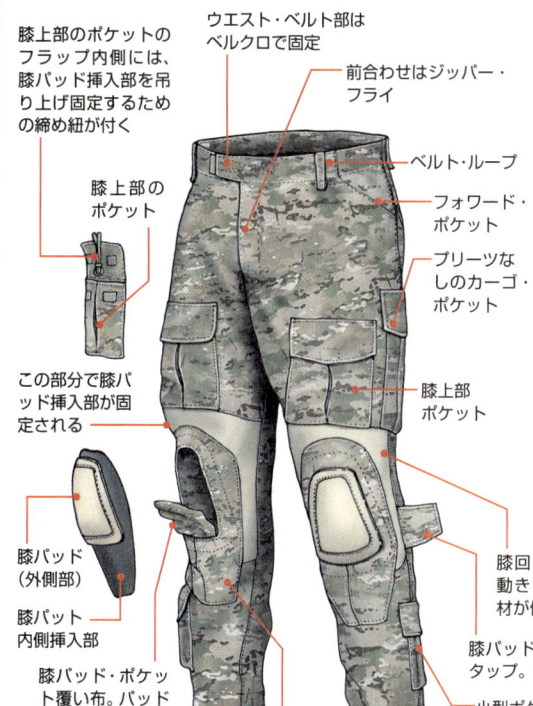

膝上部のポケットのフラップ内側には、膝パッド挿入部を吊り上げ固定するための締め紐が付く

ウエスト・ベルト部はベルクロで固定

前合わせはジッパー・フライ

ベルト・ループ

フォワード・ポケット

膝上部のポケット

プリーツなしのカーゴ・ポケット

膝上部ポケット

この部分で膝パッド挿入部が固定される

膝パッド(外側部)

膝パット内側挿入部

膝パッド・ポケット覆い布。パッドを外している時に穴を覆う

膝パッド挿入部

膝回りおよび腰回りには動きやすいように伸縮素材が使用されている

膝パッドを密着させるためのタップ。ベルクロで固定する

小型ポケット

裾部固定タップ

◀ACP

戦闘時に兵士たちが使用するACPは、パーツの1つとして膝パッドをパンツに組み込んでしまった点が最大の特徴。膝パットはゴム状の弾力性を有するエストラマーのような新素材とネオプレーン素材が使用され、固い地面や衝撃から確実に膝を防護できる。イラストのように膝パッドはパンツの膝部分に開けられた穴から挿入してベルクロで固定する。取り付けた膝パッドはパンツに付けられたタブで膝に密着させるようになっている。イラストでは見えないが、パンツの後面にはフラップ付きのヒップ・ポケットが2個付いている。

04. 迷彩戦闘服(4)

アメリカ海兵隊独自の迷彩服

　迷彩服はステルス技術の1つといえる。つまり視覚的に敵を欺瞞するわけだが、そのためには体の輪郭を隠し、周囲の地形に溶け込むことが重要になる。これをを十分考慮して開発されているのが、アメリカ海兵隊がいち早く導入したコンピュータ・デザインによるMARPAT(海兵隊パターン)の迷彩戦闘服である。最近では陸軍のACSと似たデザインのMARPAT FROGという戦闘シャツも使用されている。いずれも中東やアフガニスタンなど、紛争地域に最初に派遣されることの多い海兵隊に適した戦闘服である。

[右]アメリカ海兵隊のMARPATにはデザート・パターンとウッドランド・パターンの2つがある。MARPATとしては最初に採用されたのは写真のウッドランド・パターン。開発には1年半しかかからなかったという(カナダ陸軍で採用したCADPADのパターンを参考にしたという説もある。カナダ軍では1980年代の終わりよりコンピュータ・デザインによる迷彩服の開発を進めていた)。　[下]海兵隊の新型ボディ・アーマーMTVの下にMARPAT FROGを着用しているのがわかる。

*MARPAT=MARine PATternの頭文字で、マーパットと呼ばれる。　　*MTV=Modular Tactical Vestの頭文字。

Combat Equipments

▶USMC MARPAT BDU

アメリカ海兵隊のMARPATの戦闘服は上衣および下衣で構成され、下衣はカーゴ・パンツになっている。素材はナイロンとコットン50パーセントずつの混紡。上衣は前合わせが5つボタンの隠し式で、胴体部には斜めに両胸部分に取り付けたフラップ付きポケット、左腕部に小型のフラップ付きポケットが設置されている。また左ポケットには海兵隊のマークが刺繍されている。上衣の裾部分はズボンのカーゴ・ポケットのフラップにかからない長さと定められている。袖部分にタップが付いているが、他の戦闘服と異なりタップに直接固定用のボタンが付いているのが特徴。下衣はフォワード・ポケット、ヒップ・ポケット、カーゴ・ポケットがそれぞれ両サイドに付けられているカーゴ・ポケット・パンツ。

- ステン・カラー
- 海兵隊マークの刺繍
- タップ

▼USMC MARPAT FROG

クレイ・プレシジョン社の戦闘シャツをベースにしたUSMC MARPAT FROGと呼ばれる新しい戦闘シャツ。陸軍のACSと同様に酷暑の中東地域などでボディ・アーマーを始めとした戦闘装備を着用して戦闘を行なう際に、兵士のヒート・ストレスを極力軽減するように工夫されている。胴体部は軽量で難燃性。長時間の作業でも着用感を損ねない素材を使用、袖部は強度を向上させたナイロンとコットン50パーセントずつの混紡を使用している。この戦闘シャツに合わせたパンツもある。

- 両腕部分にフラップ付きパッチ・ポケット
- 襟はファスナー開閉式で、チャイナ・カラーのように閉じられる。また襟もMARPAD迷彩になっている
- 補強された肘部は肘パッドの挿入が可能
- 袖部を締めるタップ（ベルクロ固定式）
- 戦闘装備を着用する胴体部分は伸縮性が高く、通気性、吸湿性、即乾性を持つように加工されている
- ネーム・タグ
- フォワード・ポケット
- ヒップ・ポケット
- プリーツ付き大型カーゴ・ポケット
- 膝部当て布
- 裾部締め紐

*USMC=United States Marine Corpsの頭文字。

05. 個人装備の携行(1)

個人携行装備を変えたIIFS

戦場で歩兵が持たねばならない装備品は多い。これらを効率的に運搬するための個人携行装備は、様々なものが開発されている。

▶IIFS
それまで装備品はベルトに取り付けていたが、1980年代末にアメリカ陸軍が採用したIIFS(統合型個人戦闘システム)は、ポーチ類を胸に装着する方式だった。素材をコーデュラ・ナイロン製として軽量化に成功している。

ベトナム戦争の経験から、丈夫で装着が簡単で着用者に負担をかけないように開発されたのがALICEである。アメリカ軍で1974年から使用された。構造は従来型のベルト・キットを踏襲している。
▶ALICE

- PASGTヘルメット
- PASGTベスト(ボディ・アーマー)
- タクティカル・ロードベアリング・ベスト
- ウッドランド・パターンの戦闘服

*IIFS=Integrated Individual Fighting Systemの頭文字。 *ALICE=All Purpose Lightweight Individual Carrying Equipmentの頭文字。

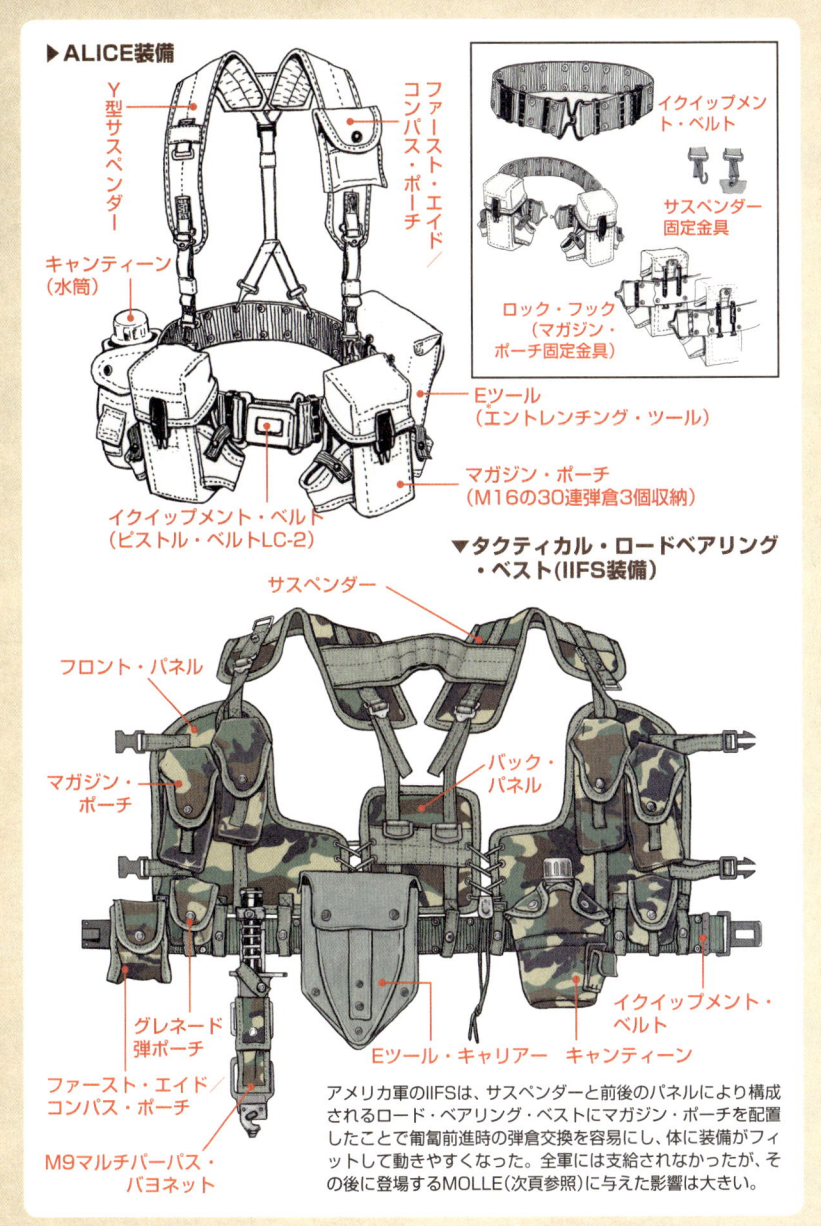

Combat Equipments

▶**ALICE装備**

- Y型サスペンダー
- ファースト・エイド／コンパス・ポーチ
- キャンティーン（水筒）
- Eツール（エントレンチング・ツール）
- マガジン・ポーチ（M16の30連弾倉3個収納）
- イクイップメント・ベルト（ピストル・ベルトLC-2）

- イクイップメント・ベルト
- サスペンダー固定金具
- ロック・フック（マガジン・ポーチ固定金具）

▼**タクティカル・ロードベアリング・ベスト(IIFS装備)**

- サスペンダー
- フロント・パネル
- バック・パネル
- マガジン・ポーチ
- グレネード弾ポーチ
- ファースト・エイド／コンパス・ポーチ
- M9マルチパーパス・バヨネット
- Eツール・キャリアー
- キャンティーン
- イクイップメント・ベルト

アメリカ軍のIIFSは、サスペンダーと前後のパネルにより構成されるロード・ベアリング・ベストにマガジン・ポーチを配置したことで匍匐前進時の弾倉交換を容易にし、体に装備がフィットして動きやすくなった。全軍には支給されなかったが、その後に登場するMOLLE(次頁参照)に与えた影響は大きい。

＊エントレンチング・ツール＝塹壕を掘るための折りたたみ式スコップ。

06. 個人装備の携行(2)

画期的なMOLLEシステム

1990年代末に、アメリカ軍の新型個人装備携行システムとして制式採用されたのがMOLLE(モール)システムである。このシステムは装備類を装着するための基本となるベスト、ポーチ類を始めとするFLC(戦闘装備品)、バックパック(フレーム、メイン・ラックサックおよびパトロール・パックなど)で構成されている。

2012年現在使用されているMOLLEは、初期型のMOLLE I のFLCベストとウエスト・ベルトを一体化し、フレームのアタッチメント・システムを廃止するなどの改良を加えたMOLLE II である。

2007年頃のイラクにおけるアメリカ陸軍兵士。ACU迷彩の戦闘服とインターセプター・ボディアーマーを着た上にMOLLEのFLCベストを着用して、装備品を携行している。2005年にACU迷彩が採用されたことで、MOLLEも同じ迷彩パターンに変更されている。

MOLLEシステムでは、使用する兵士の任務によって装備品の装着を組み替えることができる。素材はコーデュラ・ナイロンが使用されている。

▼ライフルマン仕様

▼完全装備仕様
- フレーム
- メイン・ラックサック
- パトロール・パック
- スリーブ・システム・キャリアー
- バット・パック
- サイド・サスティメント・ポケット
- ウエスト・ベルト

*MOduler Lightweight Load-carrying Equipmentの頭文字。　*FLC=Fighting Load Carrierの頭文字。

Combat Equipments

●MOLLEシステム

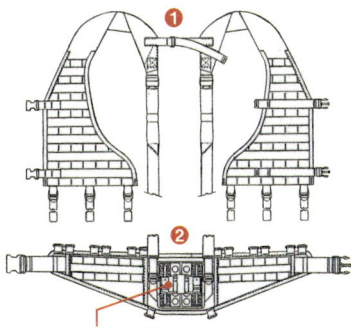

▲MOLLE I システム

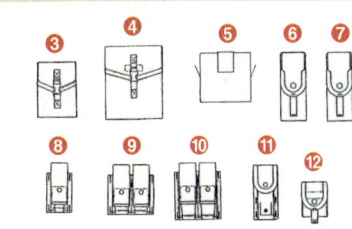

フレーム装着機構部

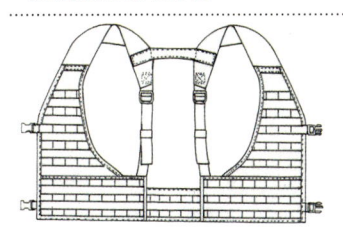

▲MOLLE II FLCベスト

MOLLE II ではFLCベストとウエスト・ベルトが一体化され、メイン・ラックサックを取り付けるためのフレームをウエスト・ベルトに固定するフレーム装着機構部が廃止されている。

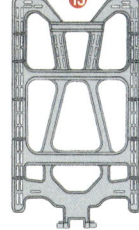

▼アタッチメント・システム

- ウェビング・テープ
- ポケット・ウェビング
- スナップ
- ベスト・ウェビング

❶FLCベスト ❷ウエスト・ベルト ❸100連ユーティリティ・ポーチ ❹200連ユーティリティ・ポーチ ❺メディカル・ポケット ❻30連シングル・マガジン・ポーチ ❼30連ダブル・マガジン・ポーチ ❽40ミリ・グレネード弾ポーチ ❾ダブル40ミリ・グレネード弾ポーチ ❿ダブル40ミリ照明弾ポーチ ⓫9ミリ・マガジン・ポーチ ⓬ファースト・エイド／コンパス・ポーチ

⓭フレーム ⓮スリーブ・システム・キャリアー ⓯メイン・ラックサック(サイド・サスティメント・ポケット付き) ⓰パトロール・バック

第2章 戦闘装備

07. 個人装備の携行(3)

特殊部隊が好む携行システム

　一般歩兵に比べて携行する装備品が多く、動きやすさを重視する特殊部隊やレンジャー部隊の隊員は、ボディ・アーマーよりもプレート・キャリアーやチェスト・リグを好む。どちらも上半身に取り付けて、各種装備を携行するためのもので、単体では抗弾能力を持たないが、状況に応じてケブラー繊維のソフト・アーマーやセラミックのアーマー・プレートを挿入して耐弾機能を持たせることができるからだ(ボディ・アーマーに比べて重量が軽く使いやすいが、防護できるのは通常は胴体部のみである)。

　プレート・キャリアーは前掛け型、チェスト・リグは胴巻き型という形の違いはあるが、どちらもウエビング・テープで様々な装備品を携行できる。

戦闘訓練中のアメリカ海軍特殊部隊SEALSの隊員。ウッドランド・パターンの迷彩戦闘服の上にプレート・キャリアーを着用している。

▼PCWC

《前面》
ベスト・ウェビング
カマーバンド

《後面》

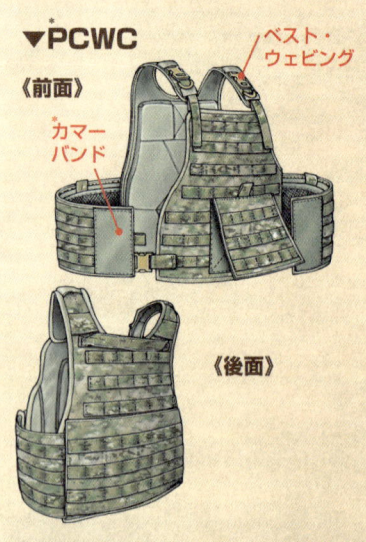

PCWCは、ウェビング・テープにより装備品を携行するタクティカル・ベストの機能と、アーマー・プレートの挿入によりボディ・アーマーの機能を合わせ持つプレート・キャリアー。アメリカ陸軍では数種類のプレート・キャリアーが使われているが、イラストは標準的なもの。

＊胴体部のみ＝股間部を防護するグロイン・アーマーを装着できるタイプもある。
＊PCWC＝Plate Carrier With Cummerbundの頭文字.　　＊カマーバンド＝腹部に巻く帯のこと。

Combat Equipments

負傷兵搬送の訓練を行なうパラレスキュー隊員。医療用具を詰め込んだバックパックを背負ったり、パラシュート降下を行なうことが多いため、背部が空いているチェスト・リグが好まれるようだ。写真の隊員もチェスト・リグを付けている。マルチカム（マルチカムは開発メーカーの名称で、米軍の名称がOCP）の迷彩戦闘服を着ている。

▶ストライク・コマンド・リコン・チェスト・ハーネス

- サスペンダー
- パネル部（各種ポーチを装着するウエビング・テープが付いている）
- トリプル・マガジン・ポーチ
- ピストル・マガジン・ポーチ

ブラックホーク社製のチェスト・リグで、ウェビング・テープの付いた胸当てと胴巻き型のパネル部をサスペンダーで支える構造。アメリカ空軍の特殊部隊であるCCTやパラレスキュー隊員が使用している。イラストのパラレスキュー隊員はABUの迷彩戦闘服の上にチェスト・リグを着用している。ABUはアメリカ空軍が採用した迷彩戦闘服で、陸軍のACUと似たような配色だが、迷彩パターンがタイガー・ストライプになっているのが特徴。

＊CCT=Combat Controller Teamの頭文字。　＊ABU=Airman Battle Uniformの頭文字。

08. 個人装備の携行(4)

タクティカル・ベストとは

　タクティカル・ベストは、各種ポーチ類を取り付けて装備品を収納・携行できるようにしたベストである。近年ではベルクロなどでポーチ類の付け替えができるものが多い。多数の装備品を収納できるため、特殊部隊の隊員などに多用されている。

　またSWATなど警察の特殊部隊でも、タクティカル・ベストは使用されている。ボディ・アーマーを身に付けた上に、戦闘に必要な装備品のみを収納したタクティカル・ベストを着用して、突入作戦を行なうのだ。

[下]特徴的な軍用タクティカル・ベストの1つがイラストのコンバット・レコナサンス・ベストだ。これはイスラエル軍の特殊部隊が使用するタクティカル・ベストで、1980年代後半から使用され、現在Mod-2が支給されている。ベストの前部および横部にはマガジン・ポーチが4個、ハンドグレネード・ポーチ4個、ファースト・エイド／コンパス・ポーチ、ラジオ・ポーチ、後部には水筒ポーチ2個、ラージ・キャリー・ポーチ、メディウム・キャリー・ポーチなどが縫い付けられ、このベスト1着で短期間の作戦であれば必要な装備品を携行できる。

❶サイズ調節用ファスティックス　❷ハンドグレネード・ポーチ　❸ベスト固定用ファスティックス　❹マガジン・ポーチ　❺無線機ポーチ　❻ファースト・エイド・ポーチ　❼水筒ポーチ　❽ラージ・キャリー・ポーチ

タクティカル・ベストを着用するイスラエル国防軍の兵士。

[前]
[後ろ]

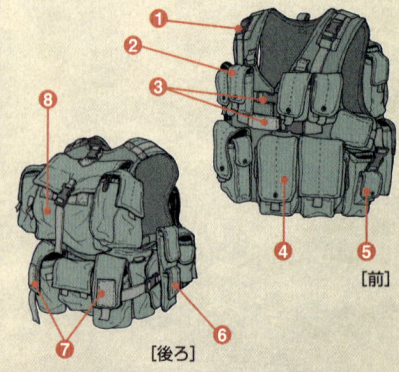

＊ベルクロ＝マジック・テープのこと。　＊ファスティックス＝プラスティック製の留め金

第1章 小火器
第2章 戦闘装備
第3章 生存装備
第4章 特殊装備
第5章 未来の歩兵装備

CHAPTER 2

Combat Equipments

ドイツ連邦警察の特殊部隊GSG9のタクティカル・ベストには、他の警察系特殊部隊と同様、突入作戦で必要な装備のみが収納されている。
❶AM-95ヘルメット(「ミッキーマウス」と呼ばれる独特の形状を持つチタン製ヘルメット) ❷ノーメックス製の耐火グローブ ❸ユーティリティ・ポーチ ❹簡易手錠 ❺マガジン・ポーチ ❻無線機プレストーク・ボタン ❼モジュラー式タクティカル・ベスト ❽無線機ポーチ(無線機はモトローラ製) ❾大型ユーティリティ・ポーチ(ガスマスクなどを収納する) ❿ピストル・ベルト ⓫ノーメックス製アサルト・スーツ ⓬タクティカル・ブーツ ⓭レッグ・パネル式ホルスター(クイック・リリース式)、⓮ボディ・アーマー(GSG9ではボディ・アーマーを着用した上にタクティカル・ベストを装着する) ⓯ノーメックス製フェイス・マスク

▼GSG9の突入用装備

[上]GSG9の新型タクティカル・ベストを着用する隊員。ベスト中央のフロントジッパーの両側には、ポーチ類を装着するための複数のベルクロとウェビング・テープが縫い付けられている。写真は2009年のもの。[下]レッグ・プレートに取り付けたホルスターに収まるのはH&KのP30。

GSG9隊員の突入用装備。ハンドガンはH&K社のUSPやP30を使用。

*GSG9隊員の突入用装備=イラストは2007年頃のもの。現在は一部装備の更新が行なわれているが、まだイラストの装備類も使用されている。

09. ボディ・アーマー(1)

代表的な防弾装備の構造とは

　現在のボディ・アーマーは、ケブラーやスペクトラのような引っ張り強度の高い高分子素材の繊維を材料として、拳銃弾程度の直撃なら耐えられる構造となっている。しかしライフル弾の直撃には耐えられないため、追加装甲としてセラミックのアーマー・プレートを挿入するボディ・アーマーが開発された。弾丸や破片がヒットした際に、プレートの命中部分が崩壊することで銃弾の運動エネルギーを吸収、緩衝させるのだ。

　最近のボディ・アーマーはこの方式を採るものが多く、代表的なものがアメリカ陸軍が採用したインターセプターである。

●インターセプター・ボディ・アーマーの特徴

- 首部保護材
- 喉部保護材
- 挿入式アーマー・プレート
- ボディ・アーマー本体（ベスト型シェル内部には何層にも重ねたケブラー繊維K2を充填したソフト・アーマーが挿入されている）
- ウェビング・テープ
- 鼠径部保護材
- MOLLEシステムのポーチ類を装着できる
- 無線機ポーチ
- マガジン・ポーチ

ボディ・アーマー本体にセラミックの追加装甲を挿入することで、308口径のフルメタル・ジャケット弾の貫通を防ぐ。シェルにはMOLLEのポーチや装具を装着するウェビング・テープが付く。ポイント・ブランク社が製造・納入。1990年代よりアメリカ陸軍や海兵隊で採用された。

Combat Equipments

イラクでパトロール中のアメリカ陸軍兵士。インターセプターを着用しており、肩および上腕部を防護するプロテクターも装着している。ボディ・アーマーのウェビング・テープにはマガジン・ポーチなど多数のポーチ類を付けている。

▼インターセプター OTV

アメリカ海兵隊のインターセプターOTV（海兵隊ではインターセプターのようにアーマー・プレートを挿入したり、装備品を外側に装着して携行できる機能を持つボディ・アーマーをOTVと呼ぶ）。陸軍で使用しているインターセプターの改良型であったため、海兵隊の作戦に適さない部分が多く、MTV（海兵隊の最新のボディ・アーマー）が開発されることになった。

*OTV=Outer Tactical Vestの頭文字。

10. ボディ・アーマー(2)

アメリカ陸軍の新型防弾装備

インターセプターに代わるアメリカ陸軍の新型ボディ・アーマーとして、2008年より配備が始まっているのが*IOTVである。これもインターセプターと同様、装着式のプロテクターや挿入式のアーマー・プレートにより、耐弾能力を向上させることができるモジュラー式ボディ・アーマーで、インターセプターの胴体両側部の防護不足を改善するために開発された。兵士が負傷した際、応急手当や治療をしやすくするため、簡単に脱がせることができるクイック・リリース機能が設けられていることも特徴だ。

[左] IOTVでは、体にかかる重量のバランスや着用時の通気性など、様々な点でインターセプターよりも改善された設計になっている。アメリカ陸軍では2007年にACUと同じUCP迷彩のIOTV(左)を採用、2008年から支給している。
[下] 現在ではマルチカム迷彩の改良型IOTV(第2世代のIOTV)も採用されている。

*IOTV=Improved Outer Tactical Vestの頭文字。

●IOTVの特徴

①後部(首部)バリスティック・カラー
②前部(喉部)バリスティック・カラー
③階級章(ベルクロ着脱式) ④クイック・リリース・ハンドル(ここを引くとボディ・アーマーを瞬時に前後2つに分割できる) ⑤上腕部防護プロテクター(インターセプターと共通して使用できる) ⑥ウェビング・テープ ⑦フロント・アクセスパネル・フラップ ⑧サイド・プレート挿入ポケット(胴体両側部に追加装甲を挿入できる) ⑨サイド・プレート ⑩内側バンド ⑪強化型挿入式セラミック・アーマー ⑫フロント・キャリアー ⑬下腹部プロテクター(グロイン・アーマー) ⑭下部バック・プロテクター ⑮ショルダー・ストラップ(フロント・キャリアーとリア・キャリアーの接合バンド) ⑯キャリング・ハンドル(負傷した兵士を引きずって収容するためのグリップ)

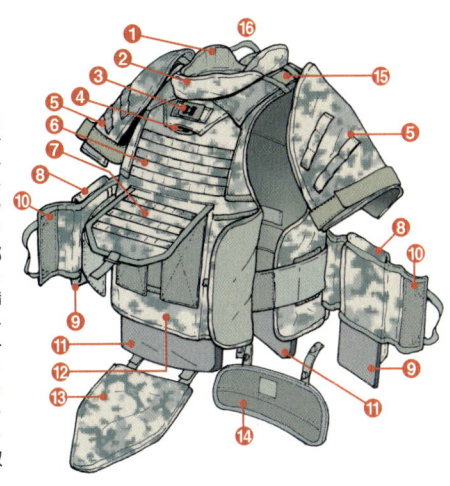

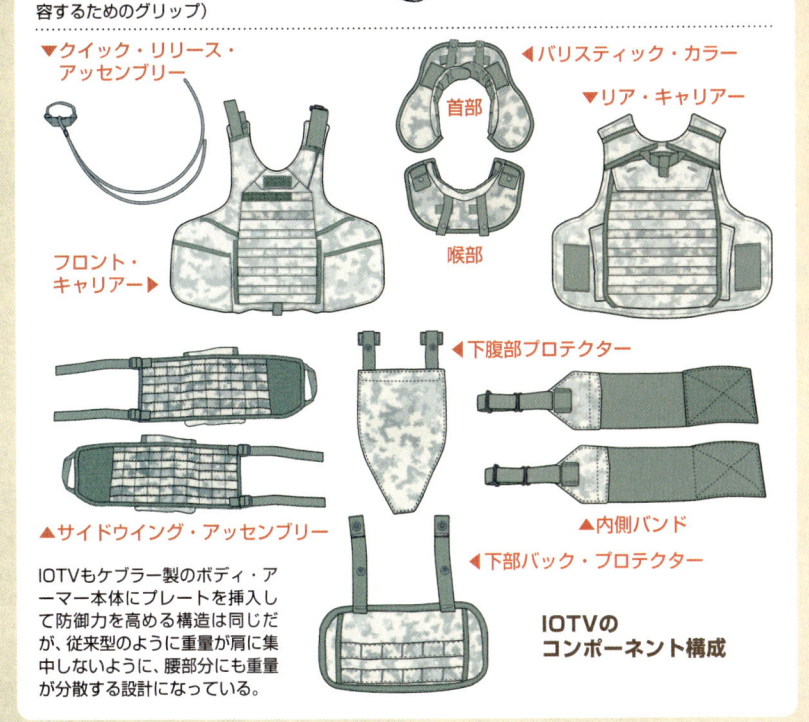

▼クイック・リリース・アッセンブリー

▲バリスティック・カラー
首部
喉部

▼リア・キャリアー

フロント・キャリアー▶

◀下腹部プロテクター

▲サイドウイング・アッセンブリー

▲内側バンド

▲下部バック・プロテクター

IOTVもケブラー製のボディ・アーマー本体にプレートを挿入して防御力を高める構造は同じだが、従来型のように重量が肩に集中しないように、腰部分にも重量が分散する設計になっている。

**IOTVの
コンポーネント構成**

11. 股間防護システム

下半身用ボディ・アーマー

イランやアフガニスタンで猛威をふるっているのが*IED（即製爆発物）と呼ばれる爆弾だ。このIEDの爆発により下肢を失ったり、生殖器や肛門など下半身に重度の外傷を負う兵士が多く、大きな問題となっている。兵士の多くは20代と若く、骨盤部分の損傷は肉体的にも精神的にも深い傷を残し、社会生活に重大な支障をもたらしてしまう。

そこで、少しでも負傷を軽減するために開発されたのが、*PUGや*POGと呼ばれる兵士の股間防護システムである。

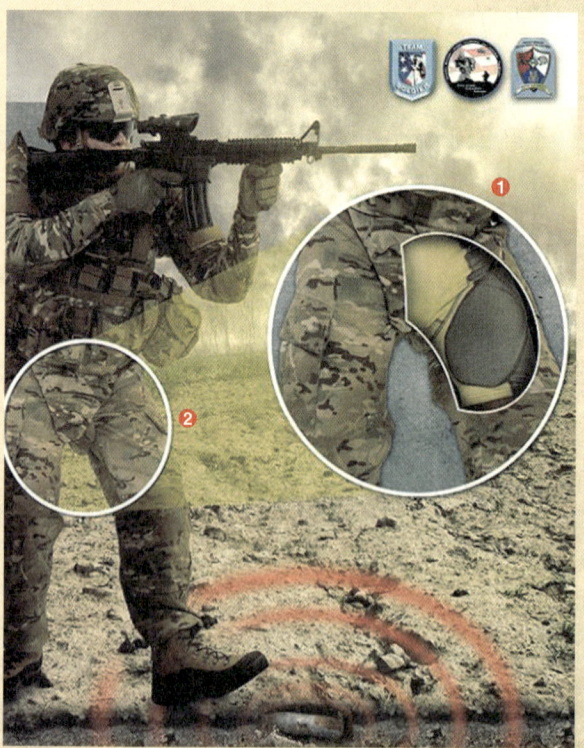

クレイ・プレシジョン社のPUG❶とPOG❷。PUGは、下着の上あるいは下着の代わりに着用するようになっている。太腿の外側部分は通気性のよいメリヤス編みの素材、股間部分や太腿内側部分はケブラー繊維を素材にして作られており、特に太腿動脈部分に防護パッドを取り付けたものもある。POGは、戦闘服のパンツ（下衣）の上に装着する骨盤部分のプロテクターのような構造である。PUGとPOGを併用することで、IEDの爆発による外傷や火傷などの被害を最小限に押さえる。PUGはティアーⅠ、POGはティアーⅡと防御力により分類されている。

*IED=Improvised Explosive Devicesの頭文字。手製爆弾、急造爆弾、路傍地雷などとも訳される。IEDには様々な種類があるが、砲弾に電気信管を取り付け、携帯電話などで信号を送って爆発させるタイプがよく知られている。
*PUG=Protective Under Garmentの頭文字。　*POG=Protective Over Garmentの頭文字。Garmentは衣服の意。

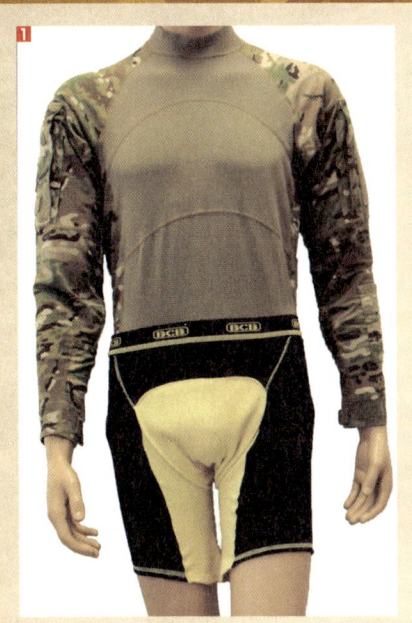

Combat Equipments

1 写真はクレイ・プレシジョン社のPUG。PUGやPOGはクレイ・プレシジョン社やホーク・プロテクション社、BOBインターナショナル社などのメーカーで開発・販売されている。
2 ショック・ドクター社の股間局所防護用プロテクター。左が男性用(ストラップを付けて使用)、右が女性用(専用のショーツに取り付けて使用)で、PUGの下に着用することでより高い防御力が得られる。
3 ホーク・プロテクション社のPOGをマルチカムのBDUパンツの上に装着したところ。
4 イギリス軍が使用するBCB社のBBC。POGと同じ機能を持つ骨盤部分用のボディ・アーマー。

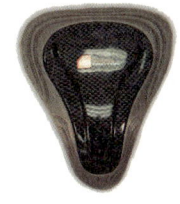

*BBC=Ballistic Blast Chapsの頭文字。Chapsはカウボーイの革ズボンのこと。

第2章 戦闘装備　125

12. ヘルメット(1)

素材革命が変えたヘルメット

　第二次大戦時に使われたアメリカ軍のM1ヘルメットに代表されるように、かつての戦闘用ヘルメットはスチール製のプレス加工で、間接的な跳弾や砲弾の破片などを防御するだけだった。これは大戦後も基本的に変化はなかった。

　しかし、1970年代に新素材が出現したことで、ヘルメットの素材革命が始まった。その代表が、強靭なケブラー繊維を使用した*PASGT(地上部隊用個人防護システム)ヘルメットで、1980年代初頭にアメリカ軍が採用した。これはM1のような金属ヘルメットよりも軽量ながらはるかに防御力に優れ、着用感もよかった。

●M1ヘルメット

◀シェル（スチール製）

▲ライナー（プラスチック製）

　1941年に制式採用され、アメリカ軍の代名詞ともなったM1ヘルメット。シェルとライナーの二重構造が特徴。シェルはバナジウム鋼のプレス加工にステンレス・スチールのリム(縁どり)を付けたもの。ライナーは布地をプラスチック・コーティングしたもので、内側にサスペンションやヘッド・バンドを取り付けて対衝撃力と衝撃分散力を高める構造。

◀ライナー内側

*PASGT=Personal Armor System Ground Troopsの頭文字。

Combat Equipments

[下]M1ヘルメットは戦後も改良されて使われ続けた。イラストはヘッド・バンドに改良を加えベトナム戦争以降にも使用されたもの。　[右]PASGTは両耳から後頭部を覆うようになっている。この形が第二次大戦時のドイツ軍ヘルメットに似ているため「フリッツ・ヘルメット」とも呼ばれる。写真のように迷彩のヘルメット・カバーを被せて着用する。

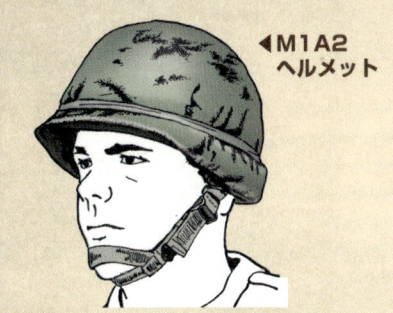

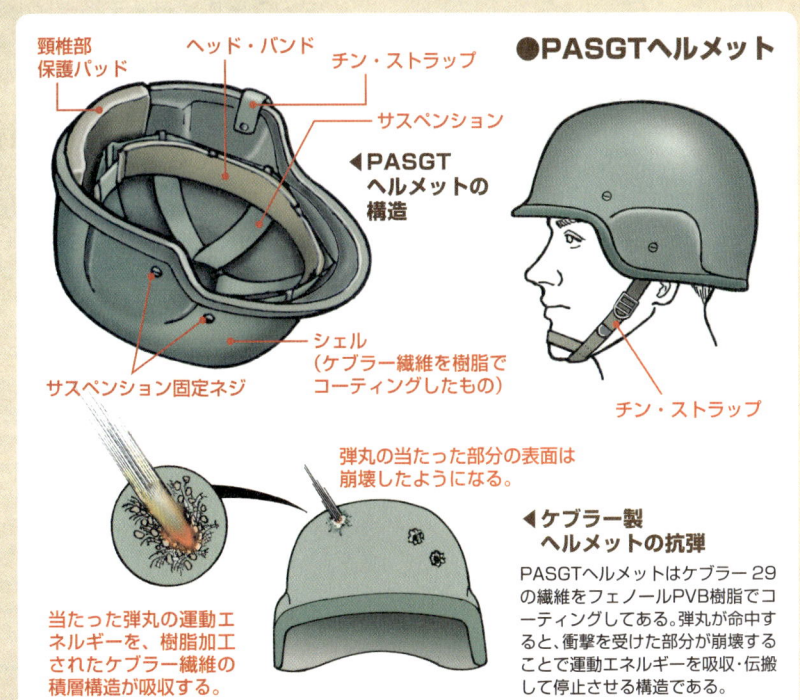

◀M1A2 ヘルメット

●PASGTヘルメット

- 頸椎部保護パッド
- ヘッド・バンド
- チン・ストラップ
- サスペンション
- シェル（ケブラー繊維を樹脂でコーティングしたもの）
- サスペンション固定ネジ

◀PASGTヘルメットの構造

チン・ストラップ

弾丸の当たった部分の表面は崩壊したようになる。

当たった弾丸の運動エネルギーを、樹脂加工されたケブラー繊維の積層構造が吸収する。

◀ケブラー製ヘルメットの抗弾

PASGTヘルメットはケブラー29の繊維をフェノールPVB樹脂でコーティングしてある。弾丸が命中すると、衝撃を受けた部分が崩壊することで運動エネルギーを吸収・伝搬して停止させる構造である。

＊フリッツ＝英語でドイツ兵を意味する俗語。

13. ヘルメット(2)

高い機能性を持つ戦闘ヘルメット

2000年代に入ってから、アメリカ陸軍では分隊内や分隊間交信用として、兵士個人のレベルにまで小型無線機が普及した。戦争の形態が変化したことで歩兵の戦闘能力向上が迫られたこと、低価格で高性能の無線機が開発できるようになったことが理由だ。

無線機のヘッドセットを着用していてもヘルメットを被れるよう、PASGTヘルメットの鍔や耳を覆う部分を大きくカットして軽量化を図ったMICHが、特殊作戦部隊向けに開発された。このヘルメットをアメリカ陸軍はACH(先進戦闘ヘルメット)として制式採用し、現在では一般歩兵部隊でも使用されている。

イラクやアフガニスタンなどで活動するアメリカ陸軍のほとんどの兵士が、ACHを着用している。偽装のための迷彩ヘルメット・カバーや暗視装置の取り付け、目を保護するゴーグルの装着などに対応する高い機能性を持ち、様々な任務で使用できるのがACHの特長だ。

＊MICH＝Modular Integrated Communications Helmetの頭文字。複数のタイプがある。
＊ACH＝Advanced Combat Helmetの頭文字。アメリカ空軍や日本の海上保安庁も採用している。

Combat Equipments

- 暗視装置マウント
- ヘルメット・シェル
- ホック・ディスク
- サスペンション・パッド
- ネープ・パッド
- リテンション・システム

●ACHヘルメット

シェル部分にケブラー129やトワロンなどの素材が使用されており、PASGTより抗弾能力が向上して44マグナム弾を停止させることができる(ライフル弾の停止は不可能)。ACHでは後頭部を防護する部分が少なく負傷する兵士が続出したため、後頭部や頚椎部分を防護するプロテクター(ネープ・パッド)が支給されている。これはヘルメットのストラップに簡単に装着できる。

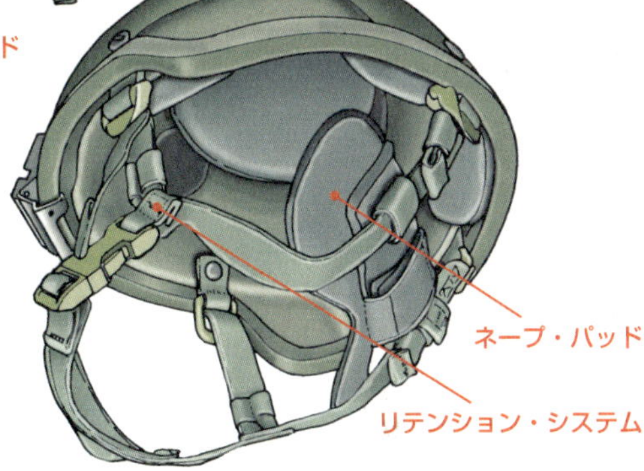

1 ACHやPASGTなどのヘルメットにベルサ・レールシステムという専用の装置で固定する顔面防護プロテクター。ケブラー繊維をレジン加工したもので防護能力が高く、重量も約400グラムと非常に軽い。車両に搭載するガナー(非常に死傷率が高い)を中心に使用されている。

2 ACHの抗弾能力をより向上させ、ライフル弾の直撃にも耐える新型ヘルメットECH(強化戦闘ヘルメット)が開発されている。素材は超高分子量ポリエチレン繊維(スペクトラ繊維)。ACHや海兵隊のLWHは、ECHに更新されることになっている。

*ECH=Enhanced Combat Helmetの頭文字。

14. ヘルメット(3)

海兵隊のヘルメットは独自路線

アメリカ海兵隊は約18万7000人の将兵で構成される軍だが、陸海空軍と比較すると小さい戦闘組織である。しかし、国家の権益や利益を確保・維持するための海外派遣専門の緊急展開部隊として、常に激しい戦闘に投入されてきた歴史を持つ。そのため、海兵隊員には勇猛果敢、少数精鋭の意識が強い。

アメリカ陸海空軍は組織が大きく予算も多く獲得することができるため、各種装備にかける資金も潤沢だ。特に陸軍では、軍の主力となる歩兵の戦闘用個人装備の更新に熱心であり、先端技術を取り入れた装備を導入している。

しかし、他の軍がPASGTの形状を大きく変えた軽量型ヘルメットを採用しているのに対し、海兵隊はPASGTの形状を維持したLWH(軽量ヘルメット)を採用している。海兵隊は採用しているヘルメット1つをとっても独自の運用思想があるようだ。

戦闘装備を身につけたままで休息する海兵隊員。LHWの前面には暗視装置の固定金具、左側面にはLED照明装置(シュアファイア・ヘルメット・ライト)を取り付けている。この照明装置は通常のライト、暗視装置用の低光量ライト、赤外線ライトと、状況に応じて照射するライトを変えることができる。

*LWH=LightWeight Helmetの頭文字。　*LED=発光ダイオードのこと。

Combat Equipments

●海兵隊のヘルメットLHW

- クラウン・パッド
- ヘルメット固定ネジ
- リテンション・ストラップ
- バックルパッド
- バックル
- チン・ストラップ
- リア・リテンション・ストラップ
- クラウン・パッド
- サスペンション
- ネープ・パッド
- ヘルメット・シェル
- ファステックス・バックル

▲クラウン・パッド式

サスペンション・パッド

パッド式▶

LWHは2003年より海兵隊への導入が始まった。形はPASGTヘルメットと同じだが、素材を改良して20パーセント軽量化されている。9ミリ・フルメタル・ジャケット弾の直撃にも耐えられる抗弾能力を持つ。陸軍が採用したACHと違って、LWHは後頭部や頸椎部分を防護できる。これは激しい戦闘に投入される海兵隊にとって賢明な選択だったといえる。なお、初期のLHWの内装はクラウン・パッド式だったが、現在はパッド式が主流となっている。

●頭部の衝撃を記録するセンサー

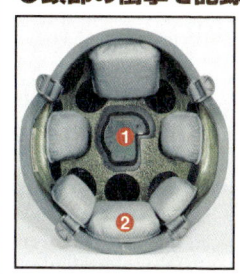

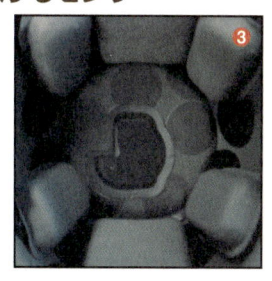

海兵隊や陸軍ではIED(即製爆発物)などの爆発で頭部を負傷した兵士の治療用データを収集するため、ヘルメットに衝撃センサーの取り付けが標準化している。❶ヘッドセンサー(爆発の衝撃を受けた際の頭部への影響を記録する装置) ❷浮力機能付きサスペンション・パッド(オプション) ❸センサー本体(写真は第1世代。第2世代が開発中)

15. 軍用ブーツ

歩兵の足を保護する重要ツール

用途により求められる性能に多少の違いはあるが、軍用ブーツに基本的に求められる機能は共通している。それは兵士の足を保護し、戦闘力を十分に発揮できるようにすることだ。耐久性はもちろん、長時間履いても快適な着用感を保てることが重要である。

現代の軍用ブーツは人間工学に基づいて設計され、ゴアテックスなどの新しい素材をふんだんに取り入れて開発・生産されている。

●現代の代表的な軍用ブーツの特徴

▼デザート・ブーツ

昼夜間の温度差が非常に大きい中東のような砂漠地域での激しい使用を考慮している

- 裏革やコーデュラ・ナイロンを使ったアウター
- 外気
- クールマックスのライナー
- 靴内部の湿気

クールマックスはデュポン社が開発した高機能素材。体から発散する水分を外部へ放出し、外気を内部に取り入れることで速乾性が高く、気化熱による冷却効果が高い。ブーツ内部を常に乾燥した快適な状態に保てる。

▶ジャングル・ブーツ

気温や湿度の高いジャングルのような熱帯地域での使用を考慮し、コットンと革のコンビネーション・ソールを使用。防水性と通気性を高め、内部のむれを極力防ぐ構造

- 裏にアルミ板を張った中敷

ベトナム戦で使用されたものは、ベトコンの罠を踏んでも怪我をしないよう中敷にアルミ板が使われていた。

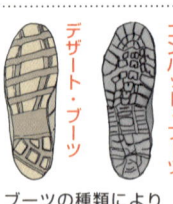

デザート・ブーツ / コンバット・ブーツ

ブーツの種類によりアウトソールのパターンも異なる。

ラバーを使用して地面のグリップ力を高めながら、泥や砂がくっつかないようにした特殊パターンのアウトソール

▼コンバット・ブーツ

軽く丈夫で、長時間履いても疲れにくい構造の汎用性が高いブーツ

- 紐をスムースに通すDリング
- ゴアテックスなどの素材を使い、丈夫で雨風を通さず内部がむれにくい多層構造のアウターとライナー
- 強化紐
- 三重縫い構造
- 強化された爪先部
- 足に密着し内部へ水や異物を侵入させず、通気性を高める機能性素材を使ったパット部
- 足の疲れとむれを軽減する中敷やインソールおよびミッドソール部
- 強化されたカウンター部
- 踵への衝撃を吸収する緩衝材

●タクティカル・ブーツとコンバット・ブーツの違い

一見するとどちらも同じように見えるが、タクティカル・ブーツは市街地における戦闘を考慮して作られている。軽くて丈夫、建物内部の滑りやすい平らな床面でもスリップしにくく、サイド・ジッパーにより素早く着脱できる。素材はナイロンや革、ソールはラバーが使われる。一方、コンバット・ブーツは頑丈で撥水性が高く、長時間着用しても快適性を保って疲れにくい構造になっている。市街地、野外とも使用できる汎用性の高さも特徴だ。

◀コンバット・ブーツ

▼タクティカル・ブーツ

素早い着脱を可能にするファスナーが付いている

▼解けにくい紐の結び方

❶ 紐をDリングに通す

❷ 結び目を1回作る

❸ 左右の紐をブーツの足首部分に回す

❹ 結び目を作る

❺ 紐を二重にして結ぶ

❻ 解けないようにするため二重にした一方にさらに1つ結び目を作る

❼

❽ 結んだ紐をねじ込んで完成

長時間の行軍や戦闘活動を行なうにはフットケアが欠かせない。このためブーツの着脱の容易さは重要である。休息時には靴を脱いで疲れた足を休め、パウダーをかけたりマッサージしたりする。再び活動する際には素早く履くことができるブーツでなければならない。

【アメリカ陸軍】

【アメリカ海兵隊】

陸軍ではパンツの裾をブーツの中に入れる

16. 軍用無線機(1)

軍用無線機の使用電波

通常、通信では超長波VLF(船舶通信や航空機通信で使用)から極超短波UHF(地デジや携帯電話などで使用)までの電波が使用されている。これらのうち、戦術レベルで使用される軍用通信はいわゆる移動体通信なので、超短波VHF(周波数30〜300メガヘルツ、波長1〜10メートル)、極超短波UHF(周波数0.3〜3ギガヘルツ、波長0.1〜1メートル)が使われる(ちなみに携帯電話はUHF帯)。

一般に電波の周波数が高いほど波長が短く、通信で電波を使用する場合は周波数が高いほど運べる情報量が大き

近年では衛星通信用のアンテナが小型化されたり、マンパック型無線機でVHFからUHFまでの幅広い周波数帯(30〜600メガヘルツ程度まで)を使用するものが開発されている。そのため最前線に展開する分隊規模の部隊でも、写真のように無線機にパラボラ・アンテナを接続して指向性の高い電波を通信衛星に向かって送信(あるいは受信)することで、衛星通信が行なえるようになった。

*電波=光も電波もX線も電磁波の特定の帯域を示す。電波は赤外線より波長の長い(周波数の低い)電磁波を指す。

い。たとえばラジオのAM放送の中波MFは音声情報しか運べないが、テレビの超短波VHFや極超短波UHFでは画像情報も運べる。さらにマイクロ波SHF（周波数3〜30ギガヘルツ、波長1〜10センチ）を使用する衛星放送では、UHFのようにデジタル信号を使い文字、画像、音声を運べるうえ、画像自体も非常にクリアになる。しかし極超短波以上になると電波は直進性が高くなり、見通せない範囲では届かない。マイクロ波では山やビルがあると電波が届かなくなったり、天候の影響を大きく受けてしまう。

もともと軍隊で使うマンパック型無線機（次頁参照）は地上と地上、地上と航空機といったように用途別に使われることが多く、それぞれ使用する周波数帯が異なるため複数の無線機が必要だった。しかし、1990年代には空陸一体化した作戦構想が進んだことなどから、地上部隊でVHFとUHFを使える無線機が普及することになった。UHF帯では衛星通信も行なえる。

軍用無線機には、交信を敵に傍受させないようにする秘匿能力、敵の電波妨害を受けないようにする対ジャミング能力も必要だ。軍用無線機には傍受されにくいデジタル信号が用いられていることもあり、傍受・解読はほとんど不可能になっている。

17. 軍用無線機(2)

司令部とつながるマンパック型無線機

　歩兵部隊の使用する無線機を用途別に見ると、司令部に情報を送ったり命令を受ける、あるいは他の部隊と交信するための長・中距離用無線機、そして作戦行動中に、隊員同士が相互の交信に使用する短距離用無線機に分けられる。

　一般的に長・中距離用はバックパックに収納したり専用のフレームに取り付けられ、兵士が背中に背負って携行・使用するマンパック型無線機である。短距離用は各兵士がポーチなどに収納して携帯する個人用携帯無線機である。

　どちらの無線機も小型軽量で使いやすく、手荒く扱っても壊れにくい頑丈さが求められる。どんな無線機を使用するかは、任務の内容や兵種により異なってくる。

マンパック型無線機AN/PRC-117❶と携帯型無線機AN/PRC-148 MBITR❷を携行するアメリカ陸軍の無線手。マンパック型無線機が小型軽量化されたことで、複数の無線機を携行して幅広い交信が行えるようになり、無線手の負担が減った。

Combat Equipments

近年の軍用無線機はデジタル信号の使用により様々な形で送受信できる。ラップトップ・パソコンのようなデータ・コントローラーを取り付けることで、Eメールのように文字の送受信、画像や書類を圧縮したファイルの添付も可能。たとえば敵の位置を司令部に報告する時、無線で話すよりも文字で伝えるほうが聞き違えがなく正確に伝わる。また位置を記した地図などの画像情報を送ることができれば間違いはさらに減る。これは前線に展開する部隊が司令部から命令や連絡を受ける場合も同様だ。

▼AN/PRC-117F

▼AN/PRC-117G

[右上]アメリカ軍で使用されているハリス社のマンパック型無線機AN/PRC-117F(上左の写真で使用されている無線機はAN/PRC-117Gで117Fをコンパクト化した機種)。利用できる電波の周波数帯が30メガヘルツ～2ギガヘルツと非常に幅広く、航空機との交信から衛星通信(移動体衛星通信)まで行なえる。戦術インターネットでのデータ交信も可能で、1台の無線機で広域帯のネットワークを可能にする。GPS機能付き。

18. 軍用無線機(3)

仲間とつながる個人用携帯無線機

　歩兵部隊が野戦や*CQB(近接戦闘)において、分隊の隊員同士の交信に使用したり、建物への突入・掃討作戦時に使用するのが個人用携帯無線機である。個人用携帯無線機は使用されるのがせいぜい数百メートルの範囲なので、出力は大きくなくてもよい。そのぶん小型軽量で、衝撃を受けても壊れにくく、交信が敵に傍受・妨害されないことが求められる。また最近では水上・水中作戦でも使用されることから、防水性も必要となっている。

無線交信を行なうアメリカ海兵隊の隊員。左胸に装着しているのが分隊内の交信で使用される個人携帯無線機PRC-153。右側の兵士が手に持っているのはAN/PRC-148 MBITR。30～51メガヘルツの周波数をカバーできるVHF無線機なので、地上と航空機の間の交信が可能。アメリカ軍やNATO軍の標準装備となっている。

＊CQB=Close Quarters Battleの頭文字。

Combat Equipments

無線操作を行なうアメリカ陸軍の女性兵士。左手にPTTスイッチを持ち、左腰に無線機のポーチを付けている。無線機は送信機能と受信機能を併せ持つが、電話のように同時に送信と受信が行えない単信式である。そのため送信と受信を切り替えるPTTスイッチ(押すと送信、離すと受信に切り換わる)が必要となる。

イギリス軍のPRRは、分隊内で隊員同士の交信に使用される短距離無線機。より高出力の無線機に接続することで隊員同士の交信を行いつつ、他の分隊や小隊などとの交信も行なえる。通常交信距離は500メートル程度だが、敵に傍受されにくく、チャンネルと波長帯を共用すると近接した地域で最大256の部隊が使用できる。防水性と対衝撃性を備えた頑丈な構造で、ワイヤレス式のPTTスイッチを使えば銃を持ったまま無線機が操作できる。写真の兵士は左脇部分にPRRを装着している。

＊PTT＝Push To Talkの頭文字。　＊PRR＝Personal Role Radioの頭文字。

19. ヘッドセットと電子装備

骨伝導マイク、GPS、軍用パソコン

　歩兵分隊内でも無線で交信するほど、現代の軍隊では無線機が普及している。それとともに欠かせない装備がヘッドセットだ。ヘッドセットを着用していれば手が空くので、仮に戦闘中でも銃を握ったまま無線交信ができる。ただし、無線機は携帯電話と違って同時に送信と受信が行なえないため、送受信切り換え用のPTTスイッチの操作が必要となる。

[中]MICH 2001の下にヘッドセットを着用したアメリカ空軍のPJ(パラレスキュー・ジャンパー)隊員。特殊部隊などで多用されるケブラー製ヘルメットMICH 2001は両サイドをカットしてあり、ヘッドセットを付けたままでも装着しやすい。
[右]写真のPJの使用するものと同じペルター社の軍用ヘッドセット。

無線機の音声や周囲の音を伝えるスピーカー

集音マイク

マイク

骨伝導スピーカー(騒音に妨害されず通信を聞き取れる。耳から入る集音マイクの音も聞こえる)

骨伝導マイク(周囲の音が被ることなく自分の声を伝達できる)

コード(PTTスイッチに接続する)

ヘッドフォン(耳部を密閉して集音マイクの音を伝え、骨伝導スピーカーの音を聞き取りやすくする)

操作スイッチ

集音マイク(ヘッドセットをしていても周囲の音が聞こえるように、騒音やノイズを除去して音を拾う)

PTTスイッチを介して無線機と接続可能

▲ヘッドセットと骨伝導スピーカー／マイク

　市街地や建物内部での近接戦闘では、激しい銃撃音や騒音で味方同士の会話や無線交信が聞き取れないことが多い。そのため、イラストのようにヘッドセットと骨伝導スピーカーとマイクを組み合わせて交信する。ヘッドセットは大きな音やノイズを遮断すると同時に、周囲の音を増幅できる機能を持つ。骨伝導スピーカーは頭蓋骨の振動によって音を聞くことができる。骨伝導マイクは頭蓋骨を伝わる声帯の振動を音声に変換することができる(声ではなく振動を拾うので、大きな声を出す必要はない)。アメリカ軍の特殊部隊やレンジャー部隊で使用されている。なお、銃にサプレッサー(減音装置)を装着するのは、銃声を敵に聞かれないためというより、味方同士の会話を行ないやすくするためという側面がある。

Combat Equipments

●必須アイテム・GPS受信機

現代の軍隊で必須の装備がGPS受信機だ。これは準同期軌道の衛星軌道上にある約30基のGPS衛星から発信される電波を受信して、自分の位置座標を経緯度で特定する装置である。衛星の発信する電波の到達時間を測定して衛星までの距離を計算し、その計算を4基の衛星について行なえば三角測量の原理で自分の位置がわかる。GPSの信号電波には民間用のC/Aコードと軍用の精度の高いPコードがあったが、現在のアメリカ軍では二重に暗号化して秘匿性を高めたYコードを使用している。

アメリカ軍では、一般兵士のレベルまでGPSが普及している。左は受信機のアップで、ロックウェル・コリンズ社の携帯型GPS。ディスプレイ上に地図と位置座標を合成して表示できる。

●様々な用途に使用される軍用パソコン

現在の軍隊にパソコンは欠かせない装備となっている。歩兵部隊でも戦術インターネット上で情報や連絡、命令などの送受信をEメールで行なったり、デジタル・カメラやビデオの画像情報を無線で送信できるように加工したり、送られてきた画像情報やテキストなどを開いたりするのに使用する。また各種センサーを遠隔操作したり収集した情報を分析するのもパソコンだ。戦場で歩兵が使用するのは携行可能なラップトップ・コンピュータで、耐久性が高く頑丈に作られている。なかでも異彩を放つのが写真のブラック・ダイヤモンド社が開発したMTS。各種装置で構成される戦術コンピュータ・システムを小型軽量化して、プレート・キャリアーで携行できるようにしたもの。コンピュータを身に付けて歩くというウェアラブルの概念の1つの形といえる。前線で航空管制や滑走路確保を主任務とするアメリカ空軍のCCT(戦闘管制班)が採用している。

❶UDT(タッチ・スクリーン式液晶ディスプレイ) ❷プレート・キャリアー(システムを携行したまま使用できるように設計されている) ❸GPS受信機 ❹TMC(システム制御装置) ❺ハブおよびバッテリー

*MTS=Modular Tactical Systemの頭文字。 *CCT=Combat Controller Teamの頭文字。

20. 各国の歩兵装備(1)

アメリカ陸軍の歩兵装備

　アメリカ軍は、兵士の生存性に大きく影響する個人装備品の開発や改良に熱心であり、常に最新技術を導入して世界をリードしている。現在の主流となっているモジュラー式ボディ・アーマーを最初に採用したのも、MOLLEのように画期的な個人装備携行システムを導入したのもアメリカ軍が最初である。またランド・ウォーリアーに代表される歩兵の先進装備やロボット兵器についても、積極的に開発を進めている。

アメリカ陸軍の最新型ボディ・アーマーIOTVを着用する兵士。
[左] IOTVにオープン式マガジン・ポーチを付けている兵士。[右] こちらの兵士はIOTVにふたの付いた従来型のマガジン・ポーチを付けている。

Combat Equipments

●歩兵用戦闘装備
（アメリカ陸軍第2歩兵師団）

❶ACHヘルメットおよびヘルメット・カバー（ACHにはⓐ暗視装置のマウントとⓑLEDライトが付いている）　❷IOTVボディ・アーマー　❸ACU上衣（コットン50パーセントとナイロン50パーセントの混紡製）　❹無線機ポーチ　❺ACU下衣（コットン50パーセントとナイロン50パーセントの混紡製カーゴ・ポケット・パンツ）　❻デザート・コンバット・ブーツ（製造メーカーによっても異なるが、本体外側部分はゴアテックスまたはコーデュラ・ナイロン製）　❼オープン・トップ式マガジン・ポーチ　❽戦闘用グローブ（CGAPLの基準を満たしたグローブでノーメックスやケブラーを使用している）　❾バックパック　❿M4E2カービン

ウエビング・テープ

追加装甲（胴体下部）

追加装甲（腕部）

アーマー・プレートの追加装甲を取り付けられる機能、ウェビング・テープにより装備品の自在な装着が可能な機能を合わせ持つ最初のボディ・アーマー「インターセプター」。

＊CGAPL＝Combat Glove Approved Product Listの頭文字で、米軍の戦闘用グローブ認証制度で認証を受けたもののこと。

21. 各国の歩兵装備(2)

イギリス陸軍の歩兵装備

　長い間DPM迷彩服やPLCE装備を使用していきたイギリス軍だったが、2000年代に入ってアフガニスタンやイラクでの戦争や治安維持任務に派兵されるようになったことが、装備の更新の契機となった。

　当初、トロピカル・パターンの迷彩服が使用されたが、最近になってより迷彩効果の高いマルチカム迷彩の装備類を採用している。

2010年よりアメリカ陸軍ではマルチカム迷彩をOCPとして採用しているが、イギリス陸軍でもマルチカムをMTPとして採用。MTP迷彩の戦闘服やボディ・アーマーなどが使用されるようになった。

*DPM=Disruptive Pattern Materialの頭文字。　*PLCE=Personal Load Carrying Equipmentの頭文字。
*MTP=Multi Terrain Patternの頭文字。

Combat Equipments

▼Mk.7ヘルメット

イギリス陸軍の最新型Mk.7ヘルメット。アメリカ空軍のパラレスキュー部隊のTC2001ヘルメットのサイドに張り出しを付けたような形状で、ヘッドセットを着用したままかぶれるようになっている。素材はMk.6に準じたものとされているのでケブラー製と思われる。Mk.6に較べて着用感がよいという。

▶戦闘服上衣 FROG*

- 襟はファスナー開閉式で、チャイナ・カラーのように閉じられる。また襟はマルチカム迷彩になっている
- 両腕部分にフラップ付きパッチ・ポケット
- 戦闘装備を着用する胴体部分は伸縮性が高く、通気性、吸湿性、即乾性を持つように加工されている
- 肘部分に補強パッド

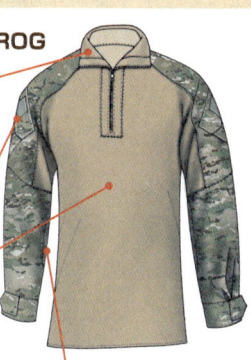

クレイ・プレシジョン社の戦闘シャツG3をベースにしたイギリス陸軍の新しい戦闘シャツ。アメリカ海兵隊のMARPAT FROG（難燃性運用ギア）と同じデザインで、襟の内側部分が迷彩になっていない。酷暑の中東地域などでボディ・アーマーを始めとした戦闘装備を着用して戦闘を行なう際に、ヒート・ストレスによる兵士の疲弊を極力軽減するように工夫されている。胴体部は軽量で難燃性、長時間の作業でも着用感を損ねないドライファイアを使用、袖部は強度を向上させたナイロン50パーセントとコットン50パーセントの混紡製。

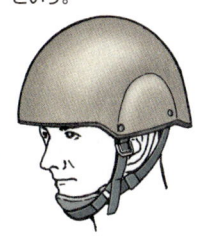

▼オスプレイ・ボディ・アーマー

▲戦闘服下衣

イギリス陸軍の使用する戦闘服の下衣は、いわゆるカーゴ・ポケット・パンツ（トラウザースと呼ばれる）で、両膝部分のカーゴ・ポケットにはプリーツがなく、ボタン留めのフラップが付いたアコーディオン式の大型ポケットになっている。パンツにはカーゴ・ポケットの他にフォワード・ポケットとヒップ・ポケットが付く。素材はコットンとポリエステルの混紡。

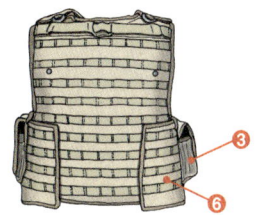

2009年より採用されたオスプレイ・ボディ・アーマーMk.4。❶ボディ・アーマー本体（アーマー・キャリアーとソフト・アーマー・パネルで構成されている。抗弾能力はトラウマ・プレート（挿入式アーマープレート）を挿入することで7.62ミリ弾の直撃にも耐える。アーマー・キャリアーの表面にはウエビングテープが付く）❷40ミリ・グレネード弾ポーチ ❸マガジン・ポーチ（1つのポーチにSA80の30連マガジンが2個入る）❹サイドウイング・アッセンブリー固定バンド ❺装備装着用Dリング ❻サイドウイング・アッセンブリー ❼階級章取り付けループ

*FROG=Flame Resistant Operational Gearの頭文字。

22. 各国の歩兵装備(3)

ドイツ連邦陸軍の歩兵装備

1990年代初めに導入されたドイツ連邦陸軍の戦闘服は、フレクター・パターンと呼ばれる迷彩である。これは第二次大戦で武装SSが使用した迷彩服のパターンを踏襲したような斑点迷彩で、カーキを基調にブラウン、ブラック、ライトグレイ、ダークグレイの斑点が入った茶系統の色彩が強い模様になっている。また2000年代に入って、一連の『不朽の自由作戦』(アフガニスタンでの対タリバン戦)に参加するようになると、3色あるいは5色のトロピカル・パターンの迷彩服も使用されるようになっている。

●歩兵用戦闘装備(降下猟兵)

イラストは1990年代の降下猟兵の戦闘装備(G3A4を除いて現在も使用されている装備)。歩兵用のウェブ・セット(ベルト・キット)は、❶ウェビング・ベルト、❷H型ショルダー・ハーネス(チェスト・ストラップⒶが付く)、❸マガジン・ポーチ、❹多目的ポーチ

- B-826ケブラー・ヘルメット
- ボディ・アーマー
- 無線機
- G3A4アサルト・ライフル
- 歩兵用ウェブ・セット
- フレクター・パターン迷彩の戦闘服

*降下猟兵=ドイツにおける空挺兵(パラシュート兵)の名称。

Combat Equipments

国際治安支援部隊としてアフガニスタンに派遣されているドイツ連邦陸軍の兵士。アフガンの環境に合わせて砂漠迷彩の歩兵戦闘装備を着用。戦場が高地で気温が低く寒いため防寒装備になっている。

❶B-826ケブラー・ヘルメット(ヘルメットに迷彩カバーをかけるのではなく、ダークイエローの地色の上にグリーンとブラウンの斑点をペイントしている) ❷シューティング・グラス ❸タスマニアン・タイガー社製チェスト・リグ(コーデュラ・ナイロン製チェスト・リグMk.Ⅱ。Ⓐマガジン・ポーチ Ⓑファスナー開放式多目的ポーチ Ⓒ予備マガジン・ポーチ Ⓓグレネード弾ポーチ) ❹防寒用ジャケット(3色のトロピカル・フレクター・パターンのジャケット。前合わせがファスナー/ボタン式のジャケットで、胸部と腹部両サイドにボタン開閉式のフラップの付いた大型アコーディオン・ポケット、腕部にフラップ・ポケットが付いている。またフードⒺは取り外しが可能) ❺戦闘服パンツ(3色のトロピカル・フレクター・パターンの戦闘服下衣は両太腿部にカーゴ・ポケットが付いたカーゴ・パンツ) ❻マウンテン・ブーツ(ドイツ連邦陸軍のマウンテン・ブーツはライナー部分にゴアテックスを使用した黒革製の山岳地用ブーツ。ソールにはビブラム社製のラバー・ソールが使用されている) ❼H&K G36アサルト・ライフ(40ミリ・グレネード・ランチャーを装着) ❽バック・パック ❾携帯無線機アンテナ(使用する携帯無線機はAN/PRC-148 MBITR)

◀タスマニアン・タイガー社製チェスト・リグMk.Ⅱ

- 胸部裏側にアーマー・プレート挿入用ポケットが設けられている
- マガジン・ポーチ(マガジン4個収納)
- 多目的ポーチ
- ポーチ類を装着携行するためのウェビング・テープ

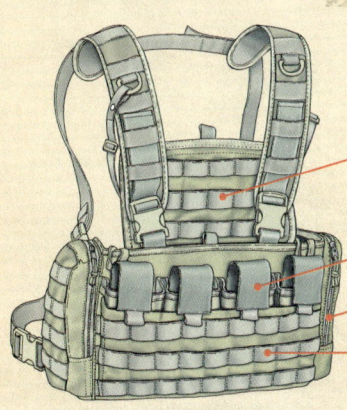

第2章 戦闘装備　147

23. 各国の歩兵装備(4)

陸上自衛隊普通科部隊の装備

陸上自衛隊の「普通科」は、他国の軍隊の歩兵に相当する職種(兵科)である。歩兵は軍隊の根幹であるが、陸上自衛隊でも普通科の人員は51個連隊+3個大隊と最大で、戦力の根幹となっている。21世紀を迎え、テロとの戦いを通して戦争の形態は市街地戦闘にシフトされている。自衛隊もそうした情勢に合わせて部隊の改変を行ない、普通科部隊の装備の更新を行なっている。

市街地戦闘の訓練を行なう陸上自衛隊普通科部隊の兵士(下士官)。戦闘防弾チョッキを着用している。これはアメリカ軍のPASGTに似たデザインとなっているが、射撃時に肩を保護するために右肩パッドを大型化、首部の防護強化のため襟を大型化するなど独自の工夫が凝らされている。重量約4キロ。ブーツは2002年より支給が開始された戦闘靴で、それまでの茶革から黒革とナイロン素材を組み合わせたものになった(まだ一部では旧型を使用しているのか最近でも茶革の戦闘靴を見かけることがある)。

戦闘防弾チョッキ2型を着用する幹部。近年のボディ・アーマーの流れを受けてか、アーマー前後のシェル部分にセラミック・プレートを挿入して防弾機能を強化している。またシェル表面には装備品を装着するためのウェビング・テープが取り付けられているのが特徴。2型は自衛隊のイラク派遣(2003～2009年)に合わせて調達が開始された。被っている88式鉄帽は1988年に採用されたケブラー製ヘルメットで、アメリカ軍のフリッツ・ヘルメットと似た形となっている。

＊戦闘防弾チョッキ=戦闘装着セットの1つとして、1992年に自衛隊で初めて本格的に導入されたボディ・アーマー。

Combat Equipments

●戦闘装着セット

イラストは迷彩服3型の上に、1990年代初めに、前タイプの迷彩服2型と同時に採用された弾帯、吊りバンド、弾入れなどで構成されるベルト・キットを装着した状態。このベルト・キットはアメリカ軍のALICE装備を参考にしたようなデザインになっており、素材にはコーデュラ・ナイロンなどが使われているようだ。ベルト・キットは鉄帽、迷彩服、戦闘靴などとともにパッケージ化され、戦闘装着セットとして一式が隊員に支給されている。

❶88式鉄帽 ❷吊りバンド(サスペンダー) ❸水筒 ❹弾入れ小(89式小銃用30連弾倉1個が入る) ❺銃剣 ❻迷彩服3型下衣 ❼旧型ブーツ ❽携帯シャベル覆い(折りたたみ式シャベルが入る) ❾弾帯(ピストルベルト) ❿迷彩服3型上衣 ⓫89式5.56ミリ小銃

▶迷彩服3型

迷彩服2型は日本の地形や植生を考慮してデザインされた新型パターンの迷彩服で、難燃性の素材で作られており、近赤外線偽装(対赤外線迷彩)の機能を持った画期的な戦闘服である。その長所を踏襲しつつ改良を加えたのがイラストの迷彩服3型。迷彩のパターンは同じだが、細部の形状などが変更され、機能性が向上している。素材は官給品がビニロン綿、服の前合わせはボタン留め式。2007年より本格的に導入されている。

＊隊員に支給＝基本的に戦闘装着セットは個人貸与ではなく部隊装備品となっている。

第2章 戦闘装備

CHAPTER 3
Survival Equipments

第3章

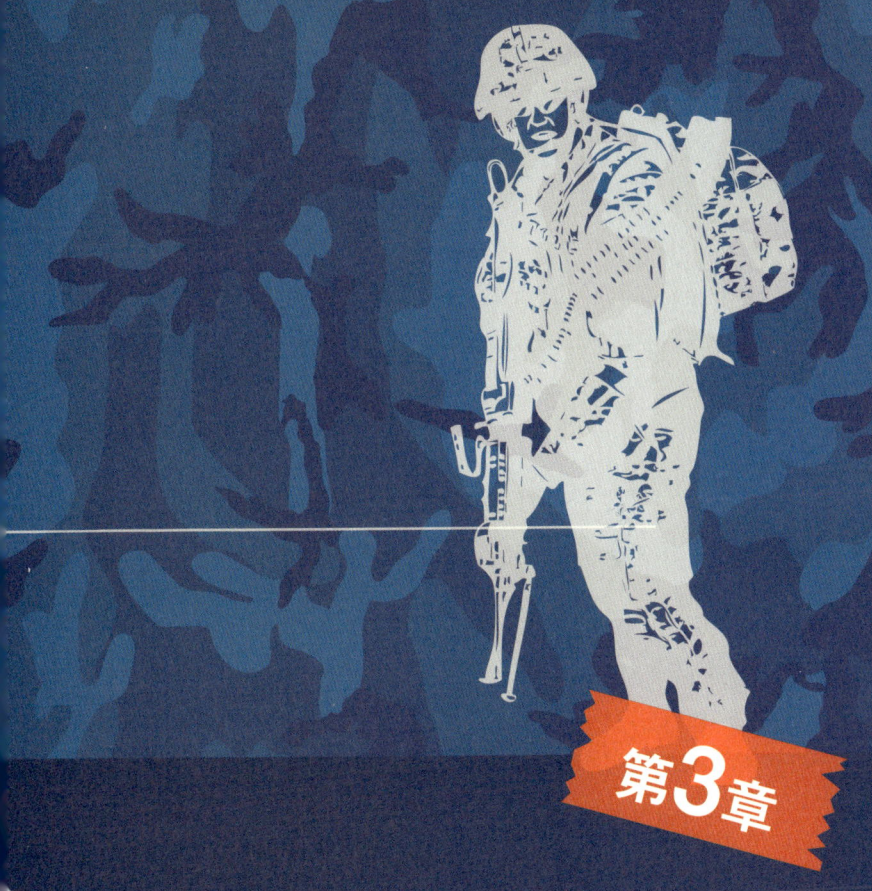

生存装備

兵士は戦う以前に、まず、過酷な環境の戦場で
生き抜かなければならない。
ここでは水分補給と食事に関する装備と器具、
そして戦場での医療について見ていく。

01. 水分補給装置

ハイドレーション・システムとは

人間は*水がなければ生きていけない。排尿や汗で体内の水分は常に放出されているが、水を飲まないでいると脱水症状となり、正常な思考が失われ、環境によっては意識を失うこともある。まして行軍や戦闘で激しく体を動かす兵

●ハイドレーション・システム

リザーバーをそのまま収納して携行できるバックパック。他の装備と一緒に携行できる。

アメリカ軍では1990年代末頃からキャメルバック社のハイドレーション・システムを導入し、現在では従来の水筒と完全に置き換わっている。これまでの水筒のようにフタを外す必要がなく、いつでも簡単に水分補給できる。

リザーバー本体（水の量によって変形しない構造）
注水口キャップ
チューブ
バイト・バルブ（ロック機能付き）
内部にリザーバーの収納部が設置されている。

バイト・バルブ（吸い口）を口にくわえ、ストローで吸うようにして水を飲む。

ハイドレーション・システムをボディ・アーマー背面に装着しているアメリカ軍兵士。2リットルの水を入れたリザーバー（水筒）をハイドレーション・バッグ（背中のキャップの付いた袋）に入れている。

＊水がなければ＝生命維持のために、人間は1日2リットルの水が最低でも必要とされる。

Survival Equipments

士に、水分補給は不可欠である。

そこで兵士は常に水筒を携行して、いつでも水を飲めるようにしている。現在では、より簡単に水分を補給できるハイドレーション・システムが普及してきている。

軍用水筒はボトル型の水筒本体とカップを兼ねたフタ、あるいは水筒とカップ（火にかけて湯を沸かす）が1組になっているものが多かった。1960年代まで水筒の素材は金属製だったが、その後は腐食しないポリエチレン製が一般的となった。ポリエチレン容器は水が入っていない時は折りたたんで収納することもできる。

●M1942水筒（WWⅡアメリカ軍）

ステンレス製水筒

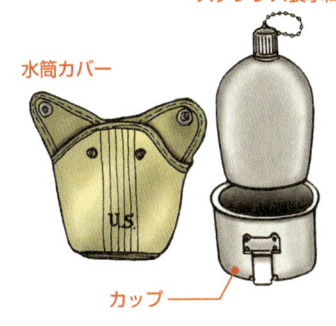

水筒カバー

カップ

NBC兵器に汚染された環境で活動する場合、水を飲みたくてもガスマスクを外すわけにはいかない。そのためガスマスクと水筒のキャップ部分にウォーター・チューブを取り付け、写真のようにマスクを装着したまま水分補給ができるようになっている。

第3章 生存装備

02. 歩兵の食事事情(1)

戦場で兵士が食べるレーション

　兵士が戦場で高い戦闘意欲を保ち、能力を発揮するためには充分なカロリーと栄養のある食事が必要である。食事は単なるエネルギー補給ではなく、兵士にとってはストレス解消であり娯楽でもある。食事の質は兵士の能力や士気に直結するものといえる。

　現在、戦場で兵士が摂る食事は、レトルト化された食品を中心とする戦闘食(いわゆるコンバット・レーション)と、移動キッチンで調理されて配給される温かい食事(アメリカ軍ではAレーションと呼ぶ)に大別される。

[右]レーションを食べるアメリカ軍兵士。レーションとは配給品のことで、戦闘行動中の兵士に支給される戦闘食を意味する。

[下]アメリカ軍のレーションのひとつMRE。パッケージされたレトルト食品で、常温で長期間の保存が可能。MRE1個で1200〜1300キロカロリーを摂取できる。

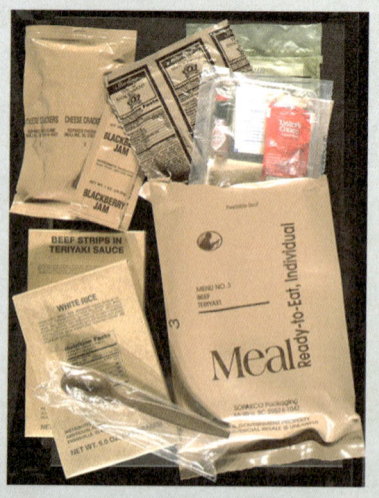

＊充分なカロリー＝戦地域にもよるが、体重74キロの男性兵士で1日2800〜3600キロカロリーの摂取が必要とされる。　＊コンバット・レーション＝野戦食とも訳される。自衛隊では「戦闘糧食」と呼ぶ。　＊Aレーション＝基地で摂る普通の食事はギャリソン・レーションと呼ばれる。

Survival Equipments

世界中に緊急展開する機動展開部隊用にアメリカ軍が開発したFSR。FSRは2000年頃から試作品が支給されていたが、2008年に「ファースト・ストライク・レーション」として制式採用された。現地での配食の準備が整うまでのつなぎ食として、緊急展開されてから3日分の食糧となる。軽量化のため、左頁のMREのようなヒーターによる加熱を必要としないメニューで、ツナやポケットサンドイッチやフレンチトースト、さらにミックスナッツやビーフジャーキーのような乾物食品で構成されている。このレーションはメニュー1～9まであり、1個で2900キロカロリーを摂取できる。

CHAPTER 3

03. 歩兵の食事事情(2)

ユニット式グループ配給食とは

　アメリカ軍は、特に兵士の食事に力を入れている。たとえば陸軍の野戦食の配給ドクトリンでは、1日3食のうち2食はグループ単位で供給される温かい食事、1食はMREなどのレーションで構成するとしている。たとえ戦闘状態にあっても、1日2食は兵士に可能な限り温かい食事を提供するというものだ。

　このため、前線でもある程度まとまった分量の温かい食事を供給するために開発されたのが、*UGR(ユニット式グループ配給食)である。

UGRは、調理設備を必要とするUGR-AおよびB、必要としないUGR-H&SおよびUGR-Eに大別できる。UGR-Eは18名分の食事を1つのユニットで供給する。1つのユニットで食事、食器のすべてを賄うことができ、温かい食事を提供できる自己完結型戦闘食だ。
[上]UGR-E改良型。セルフ・ヒーティング・ユニットでトレイ・パックを加熱する。
[左]加熱したトレイ・パックから、各自が必要とする量の料理を紙製トレイに取り分けて食べる。

*UGR=Unitized Group Rationの頭文字。

Survival Equipments

●UGR-E（改良型）

1. 箱を開けた状態。料理のトレイ・パックは重ねられ、セルフ・ヒーティング・ユニットのカバーをかけられた状態で収納されている。

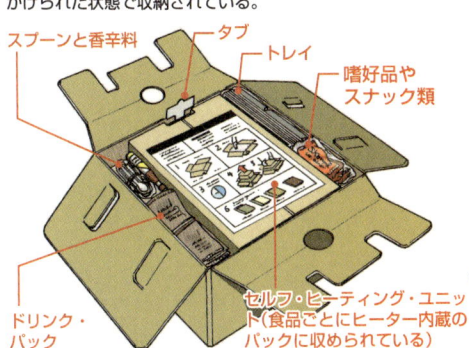

- スプーンと香辛料
- タブ
- トレイ
- 嗜好品やスナック類
- ドリンク・パック
- セルフ・ヒーティング・ユニット（食品ごとにヒーター内蔵のパックに収められている）

2. 箱に付けられているタブを引いて食塩水の袋を破り、化学反応でヒーターを作動させる。

3. トレイ・パックを加熱するために30〜45分間待つ（化学ヒーターを加熱させる前に、紙製トレイ、ドリンク・パック、スナックなどを箱から出しておく）

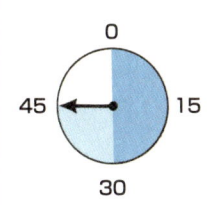

4. ヒーティング・ユニットのカバーを外す。ヒーターは非常に熱くなるので、カバーやトレイ・パックの扱いに注意する。

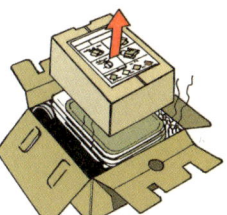

5. 料理のトレイ・パックを取り出す。このときヒーターのトレイは付けたままにする。なお、トレイ・パックの加熱は1回しかできない。

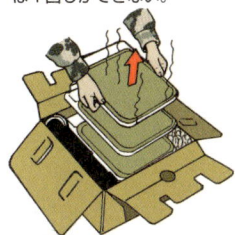

6. トレイ・パックのフタ部分をオープナー（専用ナイフ）で切り開き、料理を紙製トレイに取り分け配膳する。衛生の観点から、トレイ・パックごとに新しいオープナーを使用することが望ましい。

- デザート・トレイ
- スターチ・トレイ
- 野菜トレイ
- メイン料理トレイ

UGR-Eは、ポリプロピレン製のトレイ・パック4個（メイン料理、デザート、スターチ、温野菜のレトルト食品）を中心に、コーヒーなどの嗜好品や香辛料、食器類を1つの段ボール箱に収納してユニット化している。食事は箱に収納したまま加熱調理する。料理にはいくつかメニューがあり、1人あたり約1450キロカロリーを摂取できる。

＊スターチ＝デンプンのこと（たとえば米、オートミール、マッシュド・ポテトなど）。

CHAPTER 3

04. 歩兵の食事事情(3)

使われなくなったメス・キット

　メス・キットとは、兵士が野外で食事を摂る時に使う携帯食器セットのこと。重ね合わせられる金属容器2〜3個とカトラリー（フォークやスプーン）で構成され、食器としても調理器具としても使える。長い間、兵士の必需品だった。

　ところが1990年代以降、厨房設備やレーションなどの発達や給食システムの変化により、メス・キットは急速に使用されなくなっている。食器は紙製トレイになり、レトルト化されたレーションは、食品を入れた容器のままで食べられるようになったからだ。

[下]はアメリカ軍のメス・パン型メス・キット。金属製の容器で、本体とフタ（フライパンとしても使える）とカトラリーで1組となっている。金属製なので火に直接かけられるが、腐食しやすい欠点がある。[右]はアメリカ軍の簡易食器洗い機。

1990年代のアメリカ空軍の野外での配食風景。まだメス・キットが使われていた。提供されている食事は現在ほどバラエティに富んでおらず、美味しそうではない。2000年代に入ってから、野戦における給食事情は非常によくなったといわれる。

＊メス・キット＝メス・パン型と飯盒（はんごう）型がある。旧日本軍では、兵士各自が飯盒と箸を携行していた。

Survival Equipments

現代のアメリカ軍の食事風景。[上]UGR-Eのトレイから厨房員が食事を盛り付けているところ。料理の入った金属製トレイを専用加熱ヒーターで温めて提供する方式。

[右]移動キッチンで調理し、保温容器に入れて運んで来た料理を紙製トレイに盛り付ける兵士たち。ステーキやフルーツなど多彩なメニューがある。写真からもわかるように現在のアメリカ軍はメス・キットを使用していない。紙製トレイは使い捨てなので洗う必要がなく、水が大幅に節約できる。

第3章 生存装備

05. 歩兵の食事事情(4)

コンテナ化された移動キッチン

MREやUGRなどのレーションに栄養があり、味がよくなっていても、しょせんは戦闘食である。野外でも調理ができる移動式キッチンが、アメリカをはじめ各国の軍隊で開発、運用されている。

移動キッチンで作られた温かい食事を保温容器で運ぶ兵士。移動キッチンで作られる料理は、本国で下ごしらえされた冷凍食品や乾燥食品、缶詰などでユニット化されたUGR-AやBで、加熱するだけで調理できる。

[下]アメリカ陸軍で1975年から使用されている移動キッチン・トレーラーMKT。内部には左右2列に煮炊きをするバーナーが並べられ、その上に寸胴やグリドル(鉄板)などを設置して調理する。移動時にはコンパクトにまとめてコンテナに収納され、調理器具や配膳用容器などを搭載したトラックで牽引される。ただし、ユニット化された食材以外を煮炊きするためには充分な厨房設備や浄水設備がなく、MKTには限界があった。

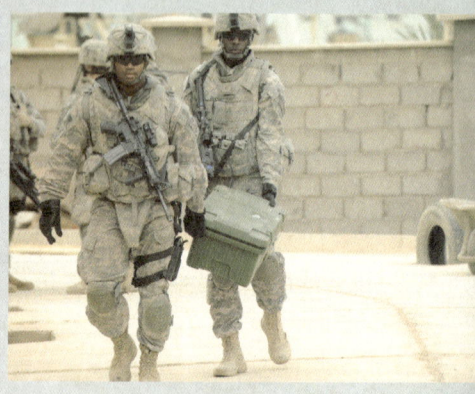

●MKT(移動キッチン・トレーラー)

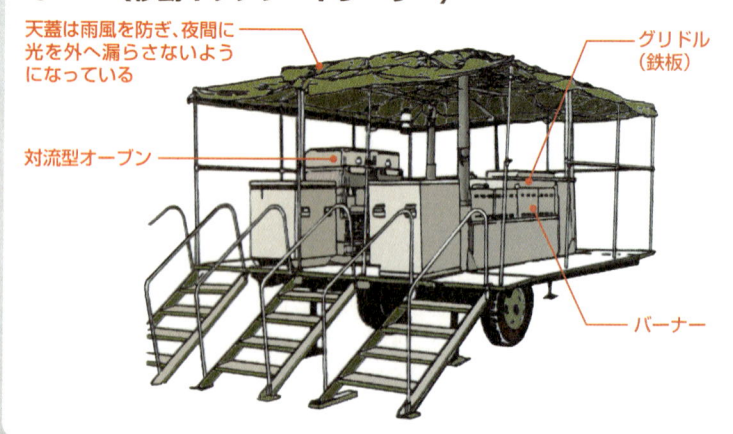

- 天蓋は雨風を防ぎ、夜間に光を外へ漏らさないようになっている
- 対流型オーブン
- グリドル(鉄板)
- バーナー

*MKT=Mobil Kitchen Trailerの頭文字。

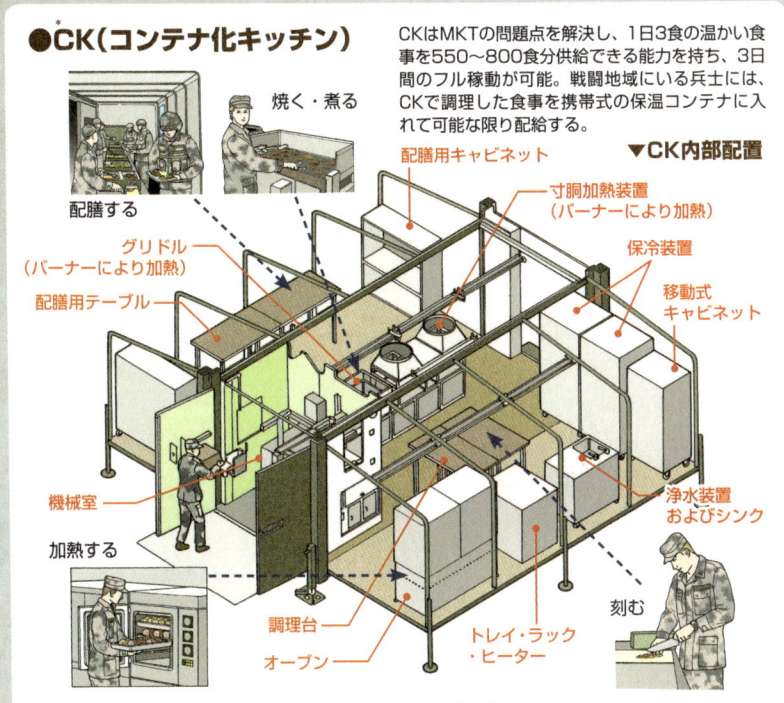

Survival Equipments

●CK(コンテナ化キッチン)

CKはMKTの問題点を解決し、1日3食の温かい食事を550〜800食分供給できる能力を持ち、3日間のフル稼動が可能。戦闘地域にいる兵士には、CKで調理した食事を携帯式の保温コンテナに入れて可能な限り配給する。

▼CK内部配置

- 配膳する
- 焼く・煮る
- 配膳用キャビネット
- 寸胴加熱装置(バーナーにより加熱)
- グリドル(バーナーにより加熱)
- 保冷装置
- 配膳用テーブル
- 移動式キャビネット
- 機械室
- 浄水装置およびシンク
- 加熱する
- 刻む
- 調理台
- オーブン
- トレイ・ラック・ヒーター

煮炊きするためのバーナー(JP-8ジェット燃料を使用)、換気装置、調理、飲料、手の洗浄に使用する浄水とシンク、食事の保温コンテナ、生鮮食材の保存用コンテナ、夜間でも調理できる照明設備、空調設備、発電機などが設置されている。厨房設備が充実したことで、調理スタッフがより腕をふるえるようになった。

▼CK設置状態

- コンテナ本体
- 展開したテント部
- 配膳用出入り口

CK内部での配膳風景。5トン・トラックで牽引するコンテナの中にすべてが収納されている。バーナーなど厨房の中核となる設備や換気装置はコンテナ内部に造り付けられている。

*CK=Containerized Kitchenの頭文字。

第3章 生存装備

06. 歩兵の食事事情(5)

フィールド・キッチンは兵士の味方

コンテナ化された移動キッチンが各国の軍隊で普及しているが、フィールド・キッチンと呼ばれる小型の移動キッチンは、より戦闘地域に近い場所でも兵士に温かい食事を提供できる。腕のよいコックなら、一流ホテルのような料理を作ることも可能だろう。

[右]国連の監視活動に携わるドイツ連邦軍のフィールド・キッチン。圧力鍋やオーブンを備えたフィールド・キッチンは、第二次大戦当時から各国で使用されている。
[下]陸上自衛隊の野戦炊具1号。厨房用具がトレーラーに一体化されていて、炊飯、汁物、揚げ物、煮物などの調理が野外で行える。200人分の食事を賄うことができる。

アメリカやNATO諸国の陸軍の厨房員が集まって開催される料理の競技会の様子。TKF250戦術フィールド・キッチンで料理を作っている。このTKF250は屋根となるテントをかけて、天候に影響されずに調理できる。

Survival Equipments

●ドイツ連邦軍のフィールド・キッチン

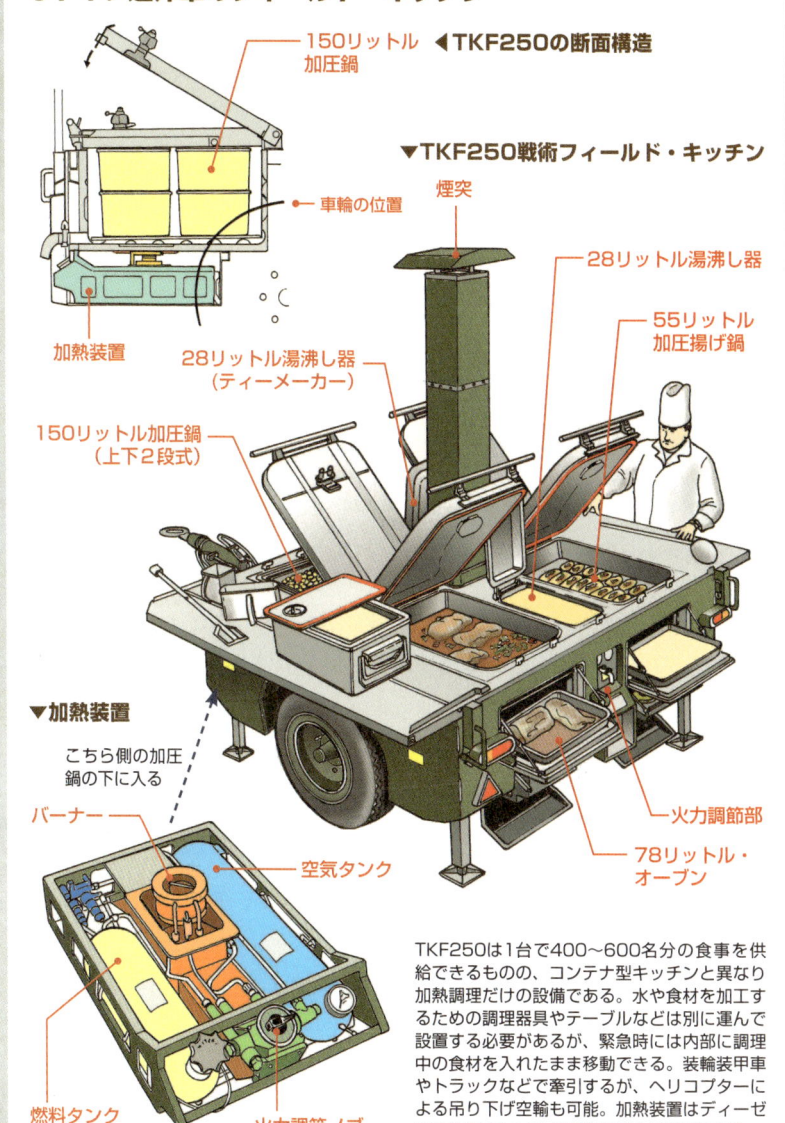

◀TKF250の断面構造

- 150リットル加圧鍋
- 車輪の位置
- 加熱装置

▼TKF250戦術フィールド・キッチン

- 煙突
- 28リットル湯沸し器
- 55リットル加圧揚げ鍋
- 28リットル湯沸し器（ティーメーカー）
- 150リットル加圧鍋（上下2段式）
- 火力調節部
- 78リットル・オーブン

▼加熱装置

こちら側の加圧鍋の下に入る

- バーナー
- 空気タンク
- 燃料タンク
- 火力調節ノブ

TKF250は1台で400〜600名分の食事を供給できるものの、コンテナ型キッチンと異なり加熱調理だけの設備である。水や食材を加工するための調理器具やテーブルなどは別に運んで設置する必要があるが、緊急時には内部に調理中の食材を入れたまま移動できる。装輪装甲車やトラックなどで牽引するが、ヘリコプターによる吊り下げ空輸も可能。加熱装置はディーゼル油やケロシンなど複数の燃料が使用できる。

07. 歩兵のシェルター

戦士の休息を支える重要装備

　訓練や作戦において野外で生活することが多い兵士(特に陸軍の兵士)にとって、シェルター(テント)やスリーピング・バッグ(寝袋)は重要な装備である。戦場で少しでも快適な状態で体を休めることは、兵士が戦い続ける能力や意欲の維持に直結するからだ。

　しかし、こうした装備は兵器などの正面装備に比べて見過ごされがちで、なかなか更新が進まない分野でもあった。

　現在では、軍用品よりも民生品のアウトドア用品の進化が著しいため、こうした分野の装備品は民生品を転用する軍隊が多くなっている。軍で新しい装備品を開発するよりも、民生品を採用するほうが性能もよく、コストの削減にもなるからだ。

[右]兵士が野外で睡眠を取る際にはスリーピング・バッグが使われる。駐屯地などでテントが利用できる場合は、写真のように折り畳み式のアルミ製野戦ベッドの上でスリーピング・バッグに入って寝る。写真はアフガニスタンに展開したカナダ軍の駐屯地での光景。[左]写真はアメリカ軍で最もオーソドックスだった二人用テント。軍用テントといえば、このようなタイプが1990年代までは一般的だった。シンプルな構造だったが、素材がカンバス製のため重量があり、設置も面倒であった。当時、民間ではもっと軽量で取り扱いが簡単なフレーム式テントが販売されていたが、軍では使用していなかった。

2000年代に入って採用されたアメリカ軍のICS(改良型戦闘シェルター)。リップストップ・ナイロン素材を使用した個人用ドーム型テントで、強化プラスチック製のポール二本をクロスして支える方式。風雨に対する強度が高く、軽量で小さく折り畳んでラックサックに収納でき、設置も簡単と従来型に較べ格段に進歩している。こうした装備品は軍で開発されたものではなく、民生品からの転用である。

*ICS=Improved Combat Shelterの頭文字。

Survival Equipments

[上]アメリカ軍の新型スリーピング・バッグMSBS。リップストップ・ナイロンとポリエステルを素材にしたスリーピング・バッグと、迷彩が施された防水性、透湿性、保温性の高いカバー(スリーピング・バッグの上にかける)、ポリウレタン製のシェルでできたスリーピング・マットで構成される。熱帯から寒冷地まで幅広く使用できる。[右]アメリカ軍の新型ポンチョ(WWポンチョ)は、ゴアテックス製で防水性と透湿性に優れている。ポンチョは雨具だけでなく多用途に使えるので、現代の軍隊でも採用されている歩兵の必需品の1つだ。

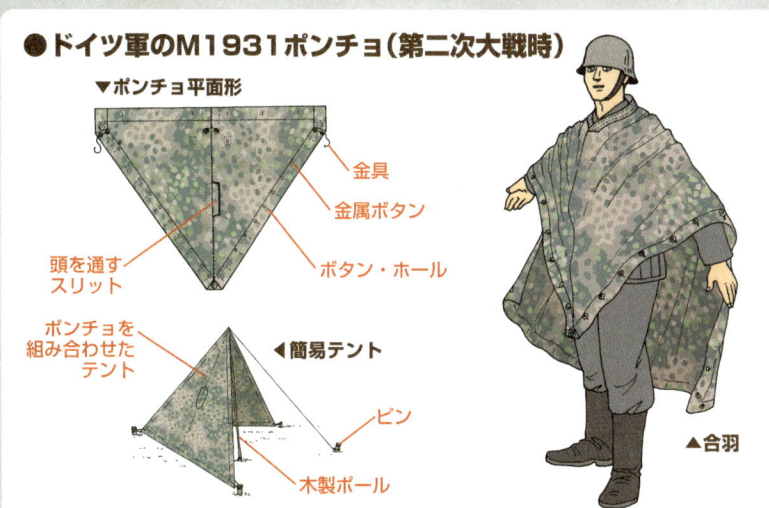

●ドイツ軍のM1931ポンチョ(第二次大戦時)

▼ポンチョ平面形

- 金具
- 金属ボタン
- ボタン・ホール
- 頭を通すスリット

◀簡易テント

- ポンチョを組み合わせたテント
- ピン
- 木製ポール

▲合羽

軍用ポンチョは、雨合羽、防寒着、いくつかをつなぎ合わせて天幕、負傷者を運ぶ担架の代用など汎用性が高い装備だ。野外で水を汲むことにも利用できる。ポンチョといえば、第二次大戦でドイツ軍が使用したものが有名だ。当時のドイツ軍のポンチョは2枚合わせるとイラストのように簡易テントが作れた(通常は4枚を合わせて1つのテントとして使用したようだ)。また生地が迷彩柄になっており、迷彩服の代用として使用することもあった。

＊MSBS=Modular Sleeping Bag Systemの頭文字。

CHAPTER 3

08. 戦場の公衆衛生

病気で戦闘不能にならないために

　戦場で戦闘により兵士が死傷するのは仕方ないが、病気で戦闘不能になるのは大きな戦力の損失となる。たとえば1人の兵士が病気になり、後方の病院に搬送・入院させた場合、治療やケアに医療関係者を含めて少なくとも数人の人手が必要になる。もし軍隊で大量の病人が発生したら、その処置に膨大な人間が関わることになり、戦闘以外で戦力を大きく減らされてしまうことになる。

　しかし、病気はある程度まで予防できる。そこで重要になるのは、公衆衛生のための設備や知識教育である。戦場における衛生設備の設置や管理、兵士たちへの公衆衛生教育は戦場医療の重要な役割である。

[上左]アメリカ軍のシャワー・テントの内部。複数のシャワーヘッドが設置され、10名程度の兵士が同時にシャワーを浴びることができる。床にはスノコ板が敷かれている。　[上右]アメリカ軍のシャワー・テントの外観。多数の人間が集団生活を送る軍隊では病気の蔓延を防ぐため、できるだけ兵士の体を清潔に保たせる必要がある。そのため前線基地にも移動式のシャワー設備を仮設したり、巡回させたりする。　[下左]排泄物は様々な病気の原因になる。前線の塹壕のような不衛生な空間では病気の蔓延をまねくので、仮設トイレを設置し、排泄物も定期的に処分する必要がある。仮設トイレが設置できないような状況に備えて、アメリカ軍では写真のWAG BAGと呼ばれる携帯トイレ・キットを支給している。[下右]各職種に女性兵士の進出が進むアメリカ軍で支給されているFPPキット。生理用品などが入っている。

❶排泄袋
❷ウェット・ティッシュ
❸収納袋(排泄袋を入れる)
❹トイレット・ペーパー
❺パッケージ袋

*FPP=Feminine Protection Fieldの頭文字。

Survival Equipments

汚染されていない清潔な水の確保が、戦場ではなにより重要となる。通常、軍隊では大小様々な移動式浄水装置を保有し、海水や河川の水から飲料水を作り、給水車や給水タンクなどで前線に展開する部隊に供給する。だが、最前線では兵士個人レベルで飲料水を確保しなければならない場合もある。その時、威力を発揮するのが携帯型浄水装置だ。左の写真は、アメリカ海兵隊で教官が訓練生に携帯型浄水装置の使用法を教えているシーン。

[左]携帯型浄水装置がない場合に使用する浄水タブレット。河川や井戸の水を飲用可能にする。水筒に汲んだ水にタブレットを入れると、4時間程度で二酸化塩素により伝染病を引き起こす細菌が除去できる(すべての水を浄水できるものではない)。

[右]車両牽引式の浄水装置。最近の装置は性能が高く、短時間で大量の飲料水を作り出せる。河川から水を採るためのポンプや浄水装置、発電機などがセットになっていて、1台で作業が行なえる自己完結型。

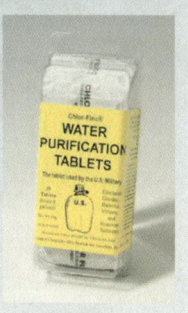

●最新の個人用ファーストエイド・キット

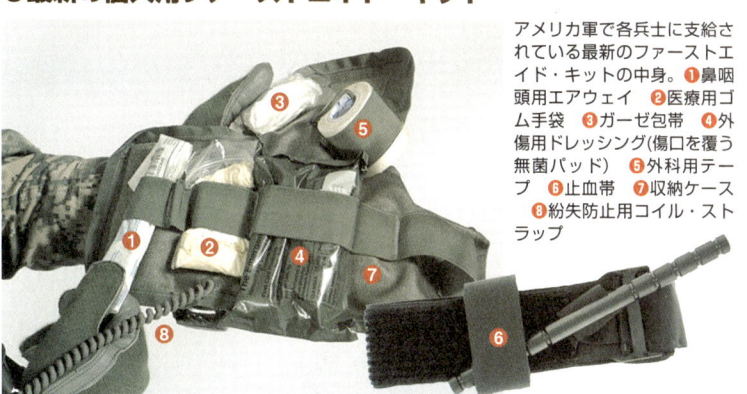

アメリカ軍で各兵士に支給されている最新のファーストエイド・キットの中身。❶鼻咽頭用エアウェイ ❷医療用ゴム手袋 ❸ガーゼ包帯 ❹外傷用ドレッシング(傷口を覆う無菌パッド) ❺外科用テープ ❻止血帯 ❼収納ケース ❽紛失防止用コイル・ストラップ

第3章 生存装備

09. コンバット・メディック(1)

戦闘員でもある医療兵とは

メディック(衛生兵)の仕事は、戦場で負傷した兵士の救命措置である。軽傷ならばその場で治療を行なって戦闘を継続できるようにし、重傷や戦闘行動ができない場合は応急措置や延命措置を行なって記録を残し、後方へ搬送された負傷兵が医師により手術や手当てを効率よく受けられるようにするのが役割だ。

これに対して、アメリカ陸軍レンジャー部隊のコンバット・メディック(戦闘医療兵)は訓練期間が長く、訓練内容もはるか

◀アメリカ陸軍レンジャー部隊のコンバット・メディック

❶メディカル・バッグ
❷MOLLE(MOLLEベルトにポーチ類を装着)
❸サイド・アーム(拳銃)
❹小型メディカル・バッグ

▼SAMスプリントによる骨折の処置

SAMスプリント(骨折した手足を固定するアルミ製の添え木。以前のワイヤ・ガーゼより軽量で強度がある)

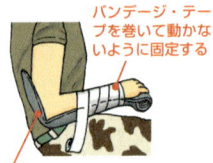

バンデージ・テープを巻いて動かないように固定する

腕の長さと形に合わせて曲げたSAMスプリント

▼フィンガー・スプリントによる指の骨折の処置

バンデージ・テープ

フィンガー・スプリント(アルミ製の指用添え木。骨折した指を正常な位置に伸ばし、指の長さに合わせて折り曲げて、バンデージ・テープで動かないようにしっかりと固定する)

Survival Equipments

に高度で、特殊部隊用の外科治療を中心とした医療訓練を受けていて技術も高い（とはいえ特殊部隊の医療隊員のような治療行為は許されていない）。

また自分自身や負傷兵を守るための銃器を携行しており、戦闘に参加する場合もある。不正規戦に近い戦闘が展開される現代の戦場では、かつてのように衛生兵を示す赤十字の印を付けていても攻撃されることが多いからだ。

▼WWⅡアメリカ陸軍のメディック
メディックは負傷した兵士の痛みを和らげるためにモルヒネを注射したり、細菌感染への応急処置としてサルファ剤をその場で処方した。

*ドレッシング＝軟膏や脱脂綿、ガーゼなど傷口を覆うものの総称。

●各種医療用具の使用法
コンバット・メディックが負傷兵に行なう医療処置の一部。

▼リンゲル液による細胞外液の補給
- リンゲル液の点滴
- リンゲル液（銃創などによる大量出血で血圧が低下した際に、リンゲル液を点滴して細胞外液の補給や補正を行なう）
- ネックカラー（外傷による頸椎の損傷が搬送時に悪化しないように、頸椎部分を固定する）

▼ドレッシングによる傷口の保護
- ドレッシング（傷口を覆って体内への細菌の侵入を防ぐ）

▼チェスト・シールによる銃創の緊急処置
- チェスト・シール（胸部の銃創により破損した肺が潰れて呼吸困難になることを、銃創部にチェスト・シールを貼ることで一時的に防ぐ）

▲ショック・パンツによる血圧の保持・上昇
- ショック・パンツ（外傷による大量の出血でショック状態になった負傷者に使用し、血圧を維持する。空気注入を必要としない簡易型で、下半身を圧迫することで約1000ミリリットルの輸血と同じ効果がある。使用時間は1時間程度）

▼エアウェイによる気道確保
エアウェイで人工呼吸が必要な負傷者の気道を確保

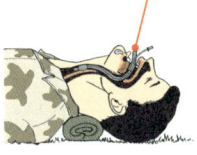

第3章 生存装備　169

CHAPTER 3

10. コンバット・メディック(2)

医療兵の持つ医療装備と医薬品

コンバット・メディックは、銃創の救急手当て(止血、感染症を防ぐための投薬、ドレッシングで傷口を覆う、緊急の場合は弾の摘出や縫合など)や骨折などの処置(骨折部を専用器具で固定する)を中心とした外科教育が施されている。特殊部隊などには非常に高度な医療教育を受けた医療兵も多く、彼

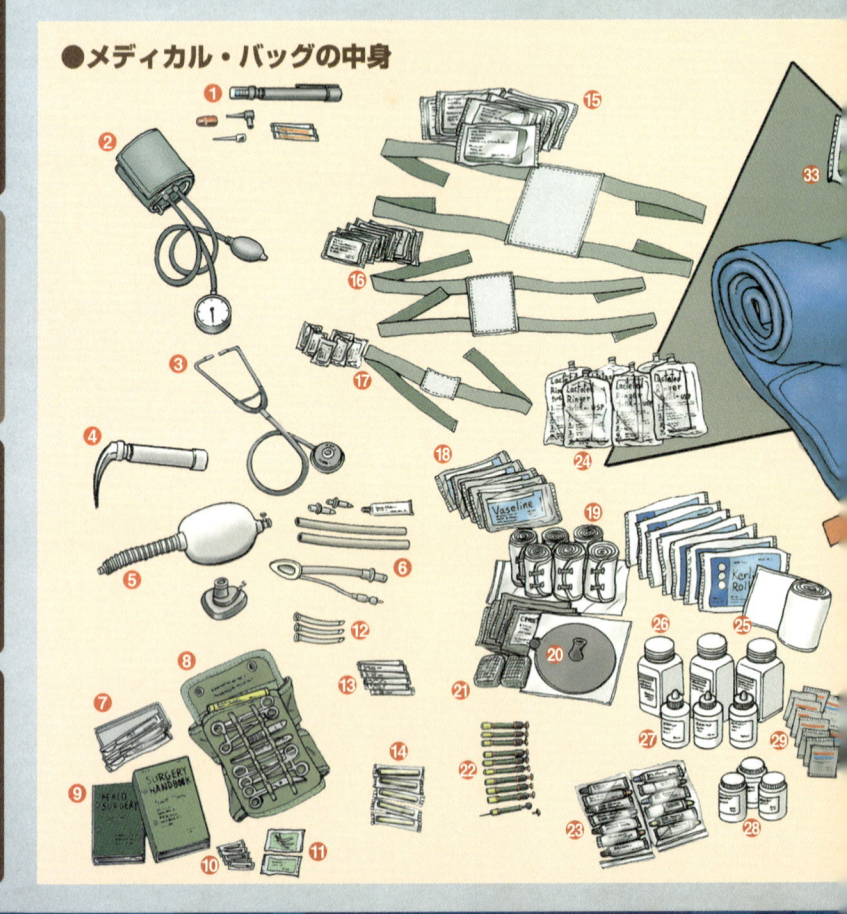

●メディカル・バッグの中身

Survival Equipments

らの救急医療に関する知識や技術は医師よりも優れているほどだ。

前線での救急処置によって負傷兵の生死が大きく左右されるため、コンバット・メディックには高いレベルの知識や技術が求められている。そのため彼らが携行する医療器具や医薬品の数も増しており、収納するメディカル・バッグも大型化している。

メディカル・バッグは必要な医療器具や医薬品が取り出しやすいように工夫が凝らされている。
①ENTキット(耳、鼻、喉を見るための照明付きスコープ)
②血圧計 ③聴診器 ④咽頭鏡(口から差し込み咽頭の様子を見る器具)
⑤手動式人工呼吸器 ⑥口咽頭エアウェイ(気道を確保するため口から挿入する器具。ランゲリア・マスク、食道閉鎖式エアウェイ、潤滑剤など) ⑦外科用メス
⑧野戦外科キット(メス、止血用鉗子、縫合用鉗子、ピンセット、探り針、切断用ハサミ、持ち針器などで構成される外科手術用器具) ⑨マニュアルおよび医療記録カード ⑩メス用替え刃 ⑪外科用糸 ⑫鼻咽頭エアウェイ(心肺停止などで人工呼吸のために手がふさがり緊急に気道を確保しなければならない時、頸椎損傷者の気道を確保しなければならない時などに使用する) ⑬使い捨て舌鉗子 ⑭血塊吸い出し用チューブ ⑮ドレッシング・大(傷口を覆い内部に細菌が入ったりするのを防ぐ) ⑯ドレッシング・中 ⑰ドレッシング・小 ⑱ワセリン・ガーゼ ⑲圧迫式包帯 ⑳チェスト・シール(銃創などによる胸部損傷では気胸と呼ばれる胸膜腔に空気がたまる症状が現れ、呼吸の度に空気の量が増えて肺を圧迫・潰してしまう。銃創部にチェスト・シールを貼ることで、たまった空気を抜くとともに肺での呼吸を楽にする) ㉑外科用スポンジ・ガーゼ ㉒モルヒネ(使い捨て注射式) ㉓各種軟膏および目薬 ㉔リンゲル液各種(大量の出血で循環血液や組織間液が減少した場合に、細胞外液の補給や補正のために点滴を行なう) ㉕カーレックス包帯 ㉖蒸留水 ㉗消毒液 ㉘各種錠剤(アスピリンなどの鎮痛剤や抗生物質) ㉙火傷用ドレッシング ㉚エピネフリン(局所出血などを止めるのに使う。使い捨て注射式) ㉛フィンガー・スプリント ㉜SAMスプリント ㉝三角巾(右にあるパックは収納状態) ㉞ショック・パンツ ㉟ネック・カラー(頸椎固定用カラー)

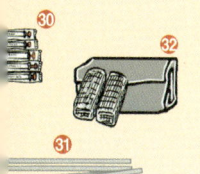

*チェスト・シール＝欧米の軍隊では衛生兵の必需品となっているが、銃創に対する経験の少ない自衛隊では装備していない。
*リンゲル液＝前線では大量出血して血圧が低下した場合でもリンゲル液を点滴するのみにとどめる。

第3章 生存装備 171

CHAPTER 4

Special Equipments

第4章

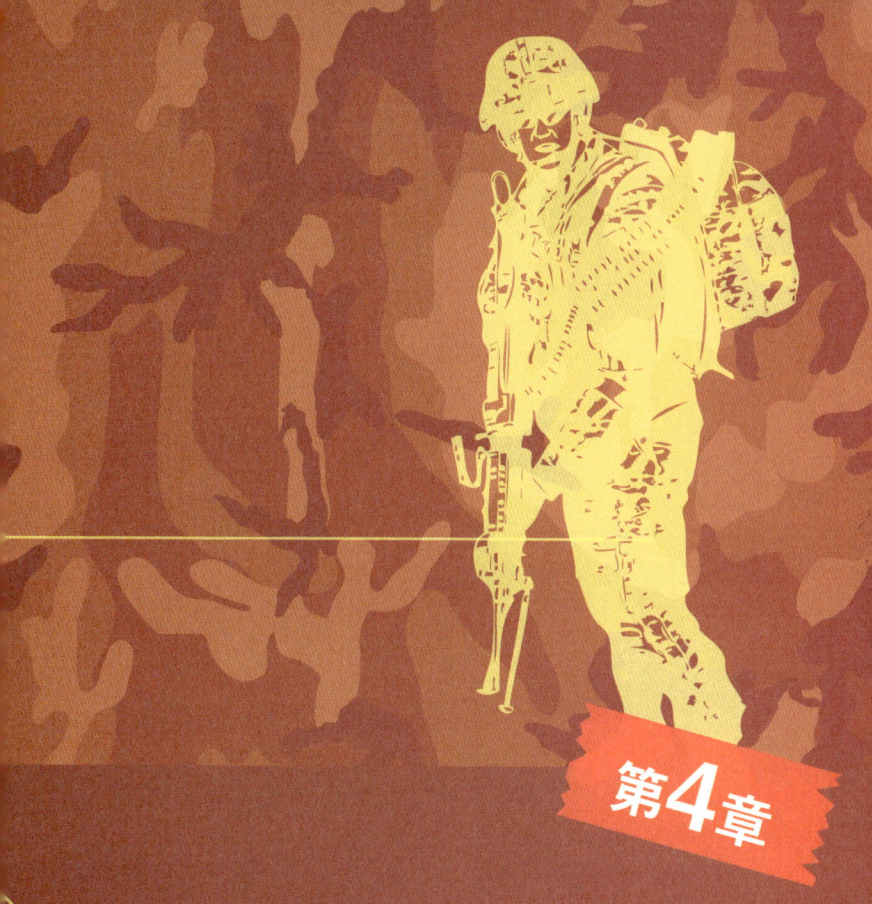

特殊装備

暗視装置、ガス・マスク、NBCスーツ、パラシュート、そして
軍用車両まで。ここでは歩兵の特殊装備を紹介する。

CHAPTER 4

01. 暗視装置と赤外線映像装置

夜間の監視や戦闘に不可欠な装備

　現代のアメリカ軍では、監視や偵察あるいは戦闘が昼夜間天候を問わず行なえるように、暗視装置や赤外線映像装置が導入されている。それぞれ人間が裸眼では見えないものを見えるようにする視察装置だが、原理や機能は異なる。

　暗視装置には構造によりいくつかのタイプがあるが、現在の軍隊で多用されているのはスターライト暗視装置（微光増幅式暗視装置）だ。

　一方、2000年代に入ってからはサーマル・イメージャー（赤外線映像装置）の進化が著しい。この装置の要となる検知素子の冷却システムが簡素化され、装置自体の小型軽量化が進んだのだ。その結果、開発されたのがAN-PSQ-20である。

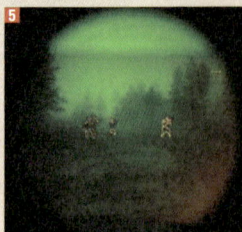

1 AN/PVS-13 TWSを操作するアメリカ海兵隊員。TWSは赤外線映像の照準サイトで、アサルト・ライフルなどに装着して使用する。写真のように単体でも使用可能。 **2** スターライト暗視装置の画像。銃身の上で光っているのは赤外線レーザー／赤外線イルミネーター（AN/PEQ-2）で、暗視装置で見ると赤外線レーザーが照射されているのがわかる。 **3** AN/PVS-21はホログラフィック式暗視装置で、着用者は特殊加工レンズを通して前方を見るが、暗視装置の画像もレンズ部分に投影されるようになっている。距離感を把握できるように距離を表示するスケールの投影が可能。イラクでテロリスト掃討のためにアメリカとイギリスの特殊部隊で臨時編成されたタスク・フォース145に所属するSAS（イギリス陸軍特殊部隊）の隊員が使用していた。 **4** 赤外線映像装置で見たT-62戦車。車体の温度が高い部分が白く浮き上がって見える。 **5** AN/PSQ-20を通して見た画像。

＊TWS＝Thermal Weapon Sightの頭文字。　　＊SAS＝Special Air Serviceの頭文字。

Special Equipments

◀スターライト暗視装置の原理

微量な月明かり

月明かりのない完全な闇夜では、装置を使っても見えない

モノクロTVを緑色にしたような画像

月明かりを反射している

見えてるぞ〜 ケケケ

暗視装置

この極めてわずかな光の反射を捉え、増幅して可視光の画像に変換する

夜間の視察装置として使用される暗視装置と赤外線映像装置だが、両者は取り込むイメージ像からして異なっている。

◀赤外線映像装置の原理

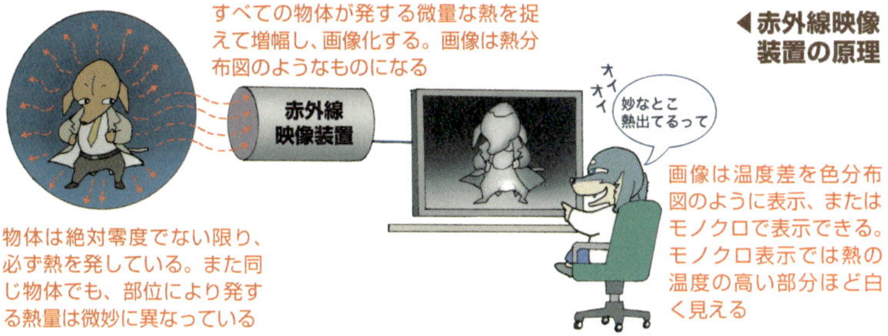

すべての物体が発する微量な熱を捉えて増幅し、画像化する。画像は熱分布図のようなものになる

赤外線映像装置

オイオイ 妙なとこ熱出てるって

物体は絶対零度でない限り、必ず熱を発している。また同じ物体でも、部位により発する熱量は微妙に異なっている

画像は温度差を色分布図のように表示、またはモノクロで表示できる。モノクロ表示では熱の温度の高い部分ほど白く見える

AN/PSQ-20は、スターライト暗視装置と赤外線映像装置を一体化した視察装置。暗視装置を赤外線映像装置が補完する構造になっており、画像は両者を重ねたものなので、遠景でも周囲の物体と温度の異なる存在(たとえば野外を歩く兵士)をはっきりと識別できる。

●壁の向こうを探知する装置

建物の掃討を行なう際、無闇に突入するのではなく、内部の状況を把握したほうが戦闘を有利に展開できる。建物内部や室内の状況を把握する装置はいくつも開発されているが、簡単に状況がわかる画期的装置がSTTW(壁越し感知装置)だ。壁透過型レーダー(ドップラー・レーダー)を使い、壁の向こう側の人間の心臓の鼓動を検出することで人の存在を識別することができる。STTWはいくつかのメーカーが様々な装置を開発しているが、軍で使用するのは軽量小型のハンディなものだ。アメリカ軍ではAN/PPS-26を採用している。写真はカメロ社の装置で、厚さ20センチ以下(材質は不明)の壁に付けて、検知距離は8メートル程度。

*STTW=Sense Through The Wallの頭文字。

第4章 特殊装備

02. ガス・マスク

着用感がよくなったガス・マスク

　軍用ガス・マスクで一番重要なことは内部を気密にし、毒ガスや病原微生物に汚染された空気を浄化して着用者に供給することである。またNBCスーツと一緒に長時間着用する場合があるので、装着感がよいことも重要だ。これは初期のガス・マスク以来ずっと続いてきた問題で、マスクを顔面に密着させるにはゴムのような素材がフェイス・ピースに向いているが、密着性の高さゆえ着用感が非常に悪かった。

　しかし、現代のガス・マスクはシリコンのような新素材の発達でより高い密着性と着用感の向上を両立させ、ガスを透過させにくく、かつ化学薬剤に侵食されにくいものが開発されている。ガス・マスクで最も重要な部分であるキャニスター（濾過装置）も、より小型軽量で濾過機能を長時間維持できるものになっている。さらにマスクを装着したまま水が飲めることも重要な機能である。

●現代のガス・マスクのしくみ

下のイラストは一般的な対NBC兵器用ガス・マスクの仕組み。マスクのフェイス・ピース部分が顔面に密着し、着用者がキャニスターにより濾過された空気を吸い込むことで、有毒性ガスから目や呼吸器官を守る。キャニスターは呼吸によるマスク内の圧力を利用して、吸気バルブや排気バルブが開閉する構造になっている。

《吸気》
- フェイス・ピースに入った空気
- 排気バルブが閉じられる。
- 吸引力で吸入、バルブが開く
- キャニスターに入る空気
- 濾過された空気
- 微粒子フィルター
- 繊維フィルター

《呼気》
- 吐く息でバルブが開く
- マスクから出た息
- 吸気バルブが閉じられる

[上]当然ながらNBC兵器に対しては、ガス・マスクのほかに、写真のようにNBC防護服も着用しなければならない。[下]現用のM40ガス・マスクを着用するアメリカ軍兵士。

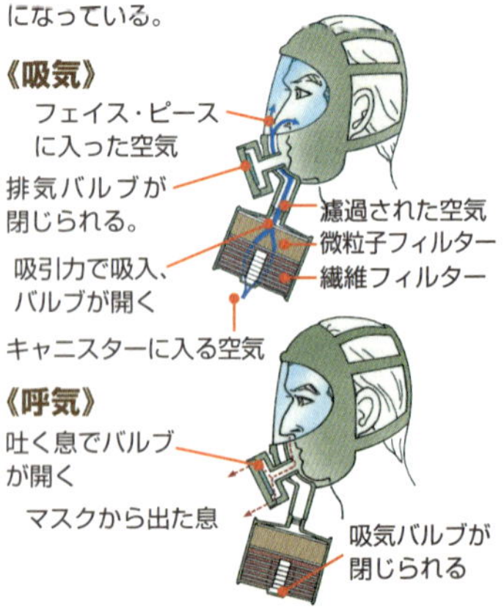

Special Equipments

●ガス・マスクの装着法

① マスクを顔面に密着させる。顔面に接するフェイス・ピース部分には髪が挟まらないように注意（髪の毛が挟まった部分からガスが流入してしまう危険がある）。
② マスクが顔面に密着したら、ベルトで固定する。
③ ベルトを調節してあご部分をしっかり固定する。
④ 呼気バルブを押さえて息を吐いてみる。息が外へ漏れなければOK。
⑤ 吸気バルブを押さえて息を吸ってみる。マスクが顔面に吸い付くようならOK。マスクを着用しての呼吸はゆっくりと深く行なう。

最近は民間人でも高性能な軍用ガス・マスクを購入することができるが、そうしたマスクを訓練を受けずに使用するのは大変危険である。高性能なマスクは正しく使用すれば高い効果が得られるが、使用法をよく知らずに使うと死に至ることもある。またマスクに装着するキャニスターには使用期限があり、期限が切れているものは機能しないこともある。

●M40の着用法

アメリカ軍の現用ガス・マスクM40はフェイス・ピース部分がシリコン・ラバー製で顔面へのフィット感がよい。また8～12時間の連続装着が可能で、ウォーター・チューブによりマスクを着用したままで水分補給が行なえる。さらにボイス・エミッター（音声拡張器）の部分に通信機を装着することも可能だ。

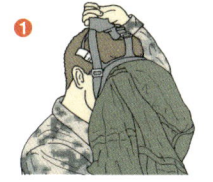

① 呼気バルブに片手を当てマスクを顔面に密着させたら、バンドで固定する。

② マスクを着用したら、マスクがずれないようにフードを引っぱって被る。

③ フードを被ったらコードで固定。フードがずれないようにベルトを脇に通す。

フード
マスク本体
コード
ベルト

＊死に至ることもある＝緊急時に、訓練を受けていない者が高性能なガス・マスクを使用して、呼吸法を知らなかったために窒息したという事例がある。

第4章 特殊装備　177

03. NBCスーツ

汚染環境から全身を防護する服

　NBC兵器が使用される危険のある場所、あるいは使用された場所で活動するには、放射性物質や病原微生物、化学薬剤が含まれた空気や水などから人体を完全に遮断するしかない。そのための装備がNBC防護服（以下NBCスーツ）だ。

　しかし、1980年代までNBCスーツの素材はブチルゴム（合成ゴム）しかなく、通気性がないため内部に湿気がこもって着用者が脱水症状を起こすから、長時間の活動は不可能だった。ようやく1990年代に入ってドイツのブルヒャー社が通気性を持つ「サラトガ・スーツ」を開発し、NBCスーツも（以前に比べれば）快適なものとなった。

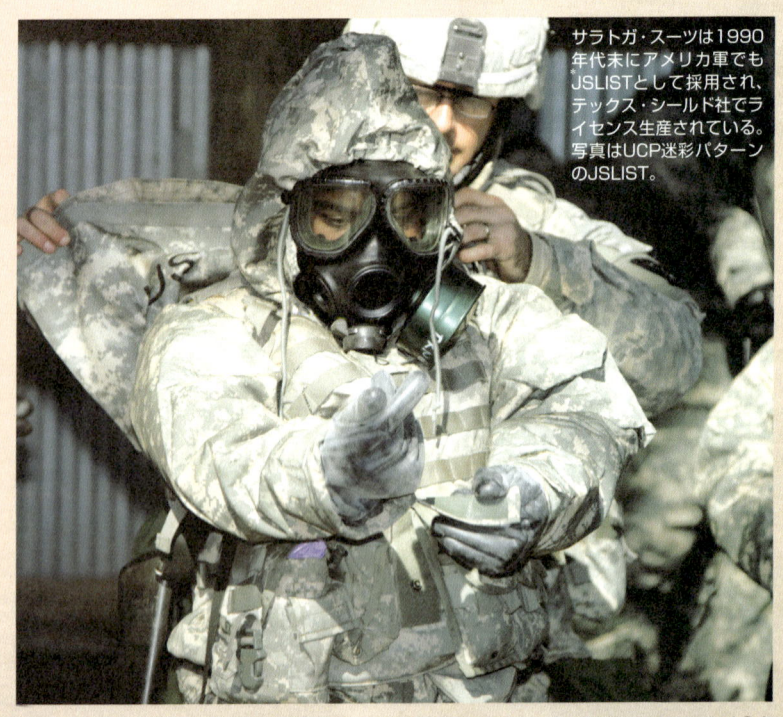

> サラトガ・スーツは1990年代末にアメリカ軍でもJSLISTとして採用され、テックス・シールド社でライセンス生産されている。写真はUCP迷彩パターンのJSLIST。

＊NBC兵器＝Nは核、Bは生物、Cは化学を示す。　＊JSLIST＝Joint Service Lightweight Integrated Suit Technologyの頭文字。もともとは計画名だったが、アメリカ陸軍のNBCスーツの名称となっている。

Special Equipments

●最新軍用NBC防護スーツ JSLIST

JSLISTは、下右図のように、ベースとなる布地に球状活性炭を高密度でコーティングし、その外側を難燃性で撥水性の繊維で覆ってある。さらに着用者の皮膚と触れるインナー部分は吸湿、放湿性の高い素材の繊維を用いた三重構造になっている。汚染物質を含んだ空気(ガス状の化学薬剤やエアロゾル化された病原微生物)は外層布を浸透するが、液状のものは弾かれて浸透できない。外層布を抜けた化学薬剤や病原微生物は球状活性炭に吸着されて透過できない。一方、着用者の発する湿気はインナー部分に吸収され各層を透過して外部へ放出される。これにより通常の戦闘服の上に直接着用できる。

JSLIST▶

- フード
- M40 ガスマスク
- 防護手袋
- セパレート型の防護服(上下服の重なる部分はベルクロで接合)

JSLISTはフード、ジャケット、ズボン、オーバー・ブーツの4つの主要パーツで構成されている。ジャケットの前開き部分をジッパーとベルクロで、ジャケットとズボンの重ね合わせ部分はベルクロ(ハイ・ウエストのズボンの腰回りにベルクロ・テープが貼ってある)によりそれぞれ接合することで、スーツ内部へのNBC兵器侵入を防ぐ。使用後に洗浄することで繰り返し使うことができる。

《NBCスーツの構造》

- ガス状の化学薬剤やエアロゾル化された病原微生物を通さない
- 皮膚が発する湿気は外部に放出される
- 液状の薬剤や分子の大きい気体の薬剤は浸透できない
- 外層布
- ライナー繊維層(球状活性炭などを織り込んだ繊維の層)
- インナー層
- 皮膚
- 体内部

第4章 特殊装備

04. EODスーツ

究極のボディ・アーマーとは

爆発物を処理する時に着用する耐爆防護服がEODスーツだ（そのままボム・スーツとも呼ばれる）。これは爆発の際に生じる爆風や衝撃波から着用者を守る服で、まさに究極のボディ・アーマーといえるだろう。爆弾テロが横行す

●EODスーツの防御能力

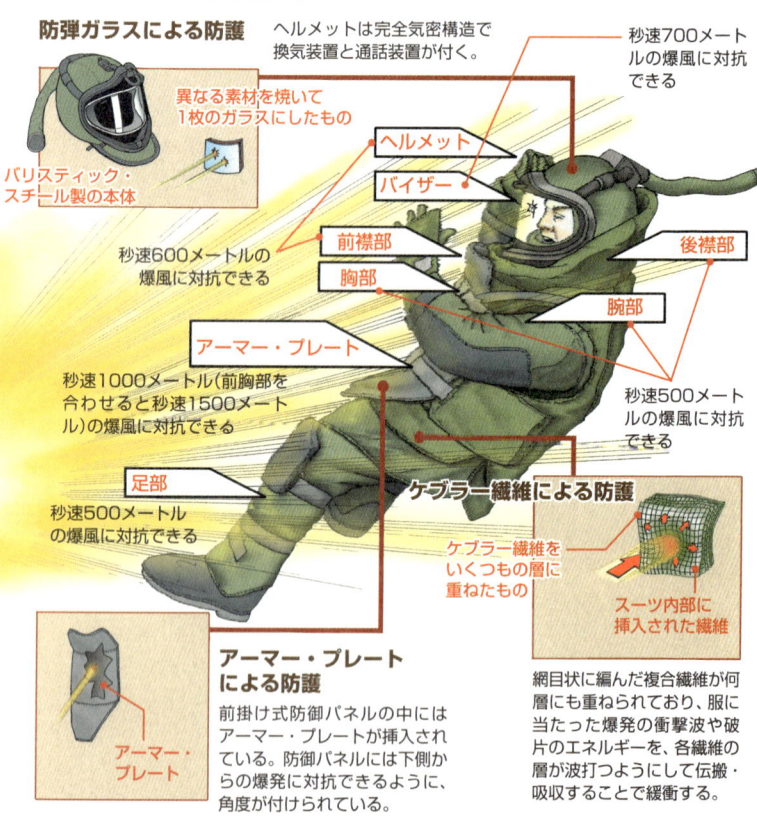

防弾ガラスによる防護

異なる素材を焼いて1枚のガラスにしたもの

バリスティック・スチール製の本体

ヘルメットは完全気密構造で換気装置と通話装置が付く。

秒速700メートルの爆風に対抗できる

- ヘルメット
- バイザー
- 前襟部
- 胸部
- 後襟部
- 腕部
- アーマー・プレート
- 足部

秒速600メートルの爆風に対抗できる

秒速1000メートル（前胸部を合わせると秒速1500メートル）の爆風に対抗できる

秒速500メートルの爆風に対抗できる

秒速500メートルの爆風に対抗できる

アーマー・プレートによる防護

前掛け式防御パネルの中にはアーマー・プレートが挿入されている。防御パネルには下側からの爆発に対抗できるように、角度が付けられている。

ケブラー繊維による防護

ケブラー繊維をいくつもの層に重ねたもの

スーツ内部に挿入された繊維

網目状に編んだ複合繊維が何層にも重ねられており、服に当たった爆発の衝撃波や破片のエネルギーを、各繊維の層が波打つようにして伝搬・吸収することで緩衝する。

*EOD=Explosive Ordnance Disposalの頭文字で、「爆発物兵器の処理」を意味する。

Special Equipments

る昨今は需要が高まり、各社が様々なEODスーツを開発している。

EODスーツを着用したアメリカ軍の爆発物処理隊員。IED（即製爆発物）の起爆装置のコードを切断して無力化する。手袋を外して素手で細かい作業を行なっている。

EODスーツは強力な爆風をスーツ全体で受け止め、緩衝する構造となっている。特に重要部分である胴体前部の防護を最も強くしてあり、1～2メートルの至近距離で最大秒速1500メートルの爆風にも耐えられる（ただし、高性能爆薬の衝撃波の直撃には耐えられない）。フル装備では重量が約30キロにもなる。

●EODスーツの各部名称

イラストはアレン・バンガード社のEODスーツ

❶ヘルメット（換気装置とヘッドセット付き） ❷バイザー ❸胸部パネル（喉と胸部および腹部を防護するアーマー・プレート） ❹作業手袋 ❺ブーツ（スーツのズボンと一体化されている） ❻脚部プロテクター ❼スーツ本体 ❽携帯無線機 ❾クイック・リリース・ハンドル（緊急時に胸部パネルを瞬時に外せる） ❿首部防護プロテクター

05. ギリー・スーツ

擬装の名人・スナイパーの必需品

　自分の存在を隠してチャンスを待つスナイパーにとって、カムフラージュを施したギリー・スーツは必需品だ。迷彩服も自然の地形に溶け込むように工夫されたものだが、パターン（模様）によってはかえって浮き上がって見えてしまう。スナイパーはギリー・スーツを着用することで周囲の風景に溶け込み、敵に発見されないようにする。熟練したスナイパーの場合、数メートルの距離に潜んでいても誰にも気づかれないという。当然ギリー・スーツが役に立つのは森林やブッシュなど草木の茂る自然の中であり、その構造から着用して動き回ることには向かない。

　もともとギリー・スーツは、スコットランドで貴族に雇われた猟場の監視人が、猟を行なったり密猟者を捕まえる時に着用した服がルーツであるとされる。これをイギリス軍が模倣してスナイパー部隊に着用させたことが、ギリー・スーツの軍隊での使用の始まりだったといわれる。

ギリー・スーツを着用したオーストラリア軍のスナイパー。ライフルにも葉っぱのようにカットした布切れを巻き付けている。写真はアップなのでシルエットがわかるが、実際にはもっと離れた状態で見ることになるから、簡単にはスナイパーの存在に気づかない。

＊森林やブッシュなど＝最近は砂漠用のギリー・スーツも作られている。

Special Equipments

◀カムフラージュのテクニック

ギリー・スーツは、迷彩服より効果的に体のシルエットをぼやかす。さらに植物などを付けた偽装網をかぶることで周囲の風景に同化してしまう。カムフラージュの際は、周囲の地形や植生、季節などに合わせる工夫が必要だ。

《迷彩服》　《ギリー・スーツ》

《ギリー・スーツと偽装網》

短冊状の布と偽装網を付けたブーニー・ハット

細い短冊状にカットした布を挟んだ偽装網

カンバスの布きれを貼った補強部

戦闘服(ベースとなる戦闘服もポケットを取り外して服の内側に縫い付けるなど加工されている)

双眼鏡

コンパス

ブーツ

地図

ギリー・スーツ▶

このギリー・スーツは戦闘服の地面に接する部分をカンバス地で補強し、それに短冊状にカットした迷彩色の布を多数挟み込んだ偽装網を付けてある。野外ではさらに迷彩効果を高めるために全身を覆う偽装網をかぶり、草や小枝などを使って周囲に溶け込むようする。

第4章 特殊装備

CHAPTER 4

06. パラシュート(1)
パラシュートの種類と構造

　軍隊で行なうパラシュート降下には、スタティック・ライン降下（P.186〜参照）と、フリー・フォール降下（自由落下による降下）がある。フリー・フォール降下は、スタティック・ラインを使用せず飛行機から降下した後に任意の高度でパラシュートを開く降下法で、特殊部隊でよく使われる。軍事作戦でどちらを用いるかは作戦内容や降下する部隊の規模、部隊の輸送手段といった諸条件によって決定される。

　使用するパラシュートは、スタティック・ライン降下では傘型パラシュート、フリー・フォール降下ではラム・エア型パラシュートが用いられるのが一般的である。

●パラシュートの構造

　パラシュートのキャノピー（主傘）は、空気抵抗を大きくして落下速度を遅くする役割を持つ。キャノピーは開傘時に半球形となるように通常は20〜24枚の球形片（三角形あるいは四角形に裁断した布片を3〜5枚ずつ組み合わせたもの）を縫い合わせて作る。材質は弾性力に富み、かつ軽い素材が使われる（第二次大戦当時は絹が使われたが、日光や湿気で傷みやすく手入れが大変だったため、戦後はナイロンに変わった）。一方、体に装着されたハーネスは、サスペンション・ライン、4本のベルトからなるライザー、キャノピー・リリース金具によってキャノピーと繋がっている。サスペンション・ラインは球形片の数だけあり、全体で4つに束ねられてライザーの先端に付いたサスペンション・ライン金具（前後左右計4個ある）につながっている。ライザーはキャノピー・リリース金具を介してハーネスに連結され、開傘したキャノピーにぶら下がる人間の体を保持する。

キャノピー
ターン・ウインドウ
サスペンション・ライン
ライザー
キャノピー・リリース金具

メイン・キャノピーには球形片を縫い合わせたものが使われる
球形片

球形片は3〜5枚の布片を縫い合わせたもので、サスペンション・ラインが縫い込まれている。

通気口の大きさによって降下速度が決まる

サスペンション・ライン

キャノピーを上面から見ると、正円になる

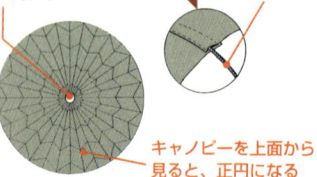

Special Equipments

●パラシュートの制御

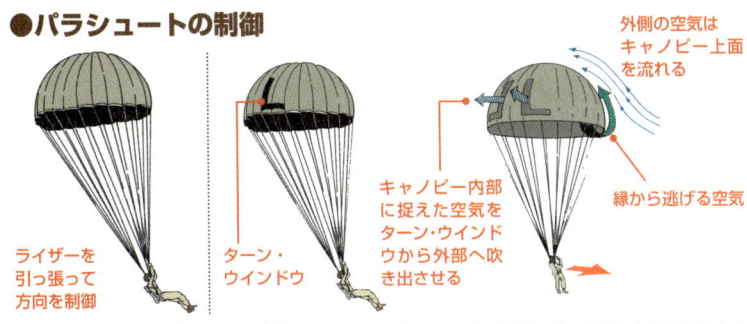

ライザーを引っ張って方向を制御

ターン・ウインドウ

キャノピー内部に捉えた空気をターン・ウインドウから外部へ吹き出させる

外側の空気はキャノピー上面を流れる

縁から逃げる空気

スタティック・ライン降下では、傘型キャノピーのパラシュートを使用する。第二次大戦で使用された傘型パラシュートはキャノピー上部に通気口が開いているだけだった。ライザーを引っ張ってキャノピーを変形させて内部の空気の流れを変えることと、重心をずらすことで降下中の方向制御を行ったが、あまり効果がなかった。そこで戦後は、パラシュートの側面にターン・ウインドウ（L字型の孔）やターン・スロット（切り欠き）を開けて、そこから空気を吹き出させることで、パラシュートの安定性と操縦性を高める方法が採られている。

リーディング・エッジ（前縁）

エア・インテイク（この前縁の開口部より空気が入り内部を加圧、翼形を保つ）

カスケード・ライン（Aライン、前縁の索）

上部コントロール・ライン

カスケード・ライン（Bライン、側縁の索）

トグル

スタビライザー（安定板）

スライダー（風よけとライザーの固定）

ライザー

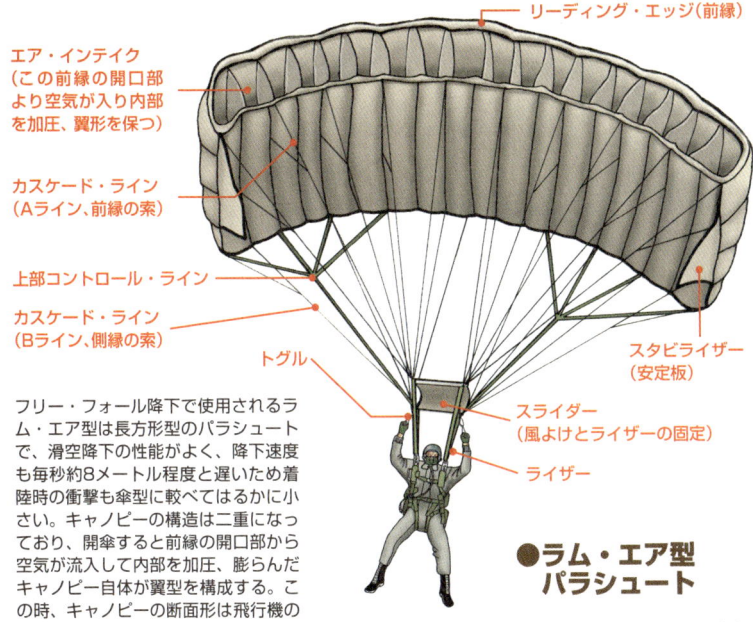

フリー・フォール降下で使用されるラム・エア型は長方形型のパラシュートで、滑空降下の性能がよく、降下速度も毎秒約8メートル程度と遅いため着陸時の衝撃も傘型に較べてはるかに小さい。キャノピーの構造は二重になっており、開傘すると前縁の開口部から空気が流入して内部を加圧、膨らんだキャノピー自体が翼型を構成する。この時、キャノピーの断面形は飛行機の翼断面形そっくりになり、翼のように周囲を流れる空気によってキャノピー自体が揚力を生み出す。操縦はキャノピー周りの空気の流れを利用する。右へ旋回するには右のトグル（取っ手）を引いてキャノピーの右後方を下へ引っ張る。するとキャノピーは右側が盛り上がり左側は引っ張られるので薄くなる。その結果、右側と左側に空気抵抗の差が生じ、この抵抗の差が右へ旋回させる力になるのだ。

●ラム・エア型パラシュート

第4章 特殊装備

07. パラシュート(2)

空から奇襲する空挺部隊の装備

　第二次大戦から本格化した空挺(エアボーン)作戦の最大のメリットは、その奇襲性にある。歩兵から選抜した兵士に空挺兵となるために特別な訓練を施し、輸送機で敵の前線後方にパラシュート降下(あるいはグライダー降下)させ、小兵力をもって敵を奇襲するというのが空挺作戦の基本思想である。

　ある程度まとまった数の空挺兵を短時間で目標地点に降下させるのがスタティック・ライン降下(自動曳索による降下)である。これはパラシュートのコンテナ(袋)に付けられたスタティック・ラインの一方を輸送機内に張られたワイヤに固定しておき、機体から飛び出すと落下する着用者の自重でスタティック・ラインが引き出され、パラシュートが開傘する仕組みである。降下開始直後から自動的に開傘が始まるので安全性が高く、低高度でも対応できるという特徴がある。

第二次大戦中、空挺作戦に参加するため、T-5パラシュートと戦闘装備を身に付けて飛行機に搭乗するアメリカ陸軍の空挺隊員。

イラストは第二次大戦でアメリカ軍が使用したスタティック・ライン降下用T-5パラシュート。パラシュートとコネクターを介して連結し、身体を支えるのがハーネス(背負い革)である。身体全体を均一な力で支えるように作られており、開傘時の衝撃も均一な力が全体に加わるようになっている(1か所に大きな力が加わると骨折や打撲傷の危険があるため)。ハーネスは着脱が容易なことも重要であり、胸・腹・脚の関節部分のベルトで固定して体を支えるのが一般的。ライザーはハーネスとパラシュートを接続するためのもので、ライザーを引っ張ってキャノピー(パラシュートの傘の部分)を変形させて降下中の方向制御を行なう。スタティック・ライン降下で使用されるパラシュートの基本的な形状は、第二次大戦当時のT-5から現在までそれほど変わっていない。

❶スタティック・ライン取り付けワイヤ　❷ライザー　❸スタティック・ライン　❹T-5パラシュート・コンテナ　❺Dリング　❻コンテナ・チェスト・バンド　❼レッグ・ストラップ　❽レッグ・リリース金具　❾リザーブ(予備)・キャノピー・コンテナ　❿チェスト・ストラップ金具　⓫メイン・ソフトウェブ(ハーネス)　⓬キャノピー・リリース金具　⓭スタティック・ライン・フック

Special Equipments

●第二次大戦当時のアメリカ空挺兵の装備(完全武装)

▼第二次大戦の
アメリカ陸軍空挺兵

メイン・キャノピー
(主傘)

サスペンション
・ライン(吊索)

サスペンション
・ライン金具

ライザー

キャノピー・
リリース金具
(連接帯吊具)

▲T-5パラシュート

▲T-5パラシュート・コンテナ

❶ファースト・エイド・キット ❷ライザー ❸B-4メイ・ウエスト(救命具) ❹M1ヘルメット ❺チン・カップ ❻チェスト・ストラップ ❼リザーブ・キャノピー・コンテナ ❽雑嚢 ❾水筒 ❿ハーネス(レッグ・リリース) ⓫M1A1トンプソン短機関銃 ⓬M1911ピストル ⓭M1942ジャンプ・スーツ ⓮ジャンプ・ブーツ ⓯リザーブ・パラシュート ⓰コンテナ・チェスト・ストラップ ⓱レッグ・ストラップ ⓲サドル ⓳コンテナ ⓴スタティック・ライン・フック ㉑スタティック・ライン ㉒ライザー

＊スタティック・ライン=パラシュートを展開するためのひも。

CHAPTER 4

08. パラシュート(3)

空挺兵は一般歩兵より軽装備

空挺部隊が通常行なうのはスタティック・ライン降下である。スタティック・ライン降下の最大の利点は、兵員や装備、物資などを遠隔地へ緊急展開させられることだ。

とはいえ、空挺兵はパラシュートなど降下用の装備を装着するため、携行できる武器や装備などは限られてしまう。そのため空挺部隊の本来の任務は、緊急展開して味方の地上部隊が到着するまで一定地域を確保するものとなる。降下後に長期間の戦闘を行なうことは想定されていないのだ。

輸送機内に張られたワイヤにスタティック・ライン・フックをかけて、降下準備を行なう空挺隊員。スタティック・ライン降下では、輸送機の飛行速度を時速180〜220キロほどに抑えなければならない。通常の降下高度は地上から500メートル以下だが、降下中に敵の狙撃を受けないようパラシュートは安全に着地できる限界速度で降下する。現代アメリカ軍では長い間スタティック・ライン降下用パラシュートとしてT-10を使用してきた。

●現用スタティック・ライン降下用装備(T-10シリーズ)

❶キャノピー・リリース ❷リザーブ・パラシュート・リップコード・ハンドル ❸フィルダー・キット・バック(折畳み式バッグ) ❹リザーブ・パラシュート ❺チェスト・ストラップ ❻メイン・リフト・ウェブ(ハーネス) ❼スタティック・ライン・フック ❽リザーブ・パラシュート ❾パラシュート・ウエスト・バンド(パラシュートを体に固定するバンド) ❿パラシュート(バックに収納され、バック・クロージング・フラップで閉じられている) ⓫バック・オープニング・ループ ⓬レッグ・ストラップ ⓭バック・クロージング・フラップ ⓮スタティック・ライン

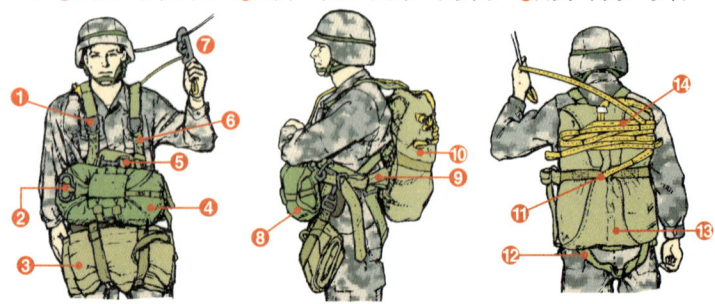

Special Equipments

●アメリカ陸軍空挺兵の装備(現用空挺部隊)

空挺降下兵も、本来の任務はパラシュート降下後の戦闘にある。そのため空挺兵は降下に使用するパラシュート装備と、降下後に使用する装備を携行することになる。後者は一般歩兵と変わらず、銃や弾薬、水筒、バックパック、医療キットなどの個人装備だ。降下後1～2日間程度の戦闘に必要な装備とパラシュートを加えると総重量は30～40キロにもなり、1人では輸送機に搭乗することさえ困難なほどだ。それでも降下してパラシュートや装具を外すと、空挺兵は一般歩兵よりも軽装備になってしまう。補給を受けない限り空挺部隊だけでの長期間の戦闘は難しい。ただし、現代では空挺部隊も対戦車ミサイルや迫撃砲などを携行するので、以前よりもはるかに大きい火力を持つようになった。

❶銃収納コンテナ ❷バックパック ❸スタティック・ライン ❹メイン・パラシュート(T-10) ❺パラシュート・ウエスト・バンド ❻バックパック固定ストラップ ❼バックパック ❽リザーブ・パラシュート(MIRPS/T-10) ❾キャノピー・リリースおよびハーネス

第4章 特殊装備

09. パラシュート(4)

新型パラシュートT-11の特徴

　アメリカ軍では、降下用パラシュートとして1950年代にT-10を採用し、操縦性改善のためのスリットを傘体に入れるなどの改良を加えながら、長年にわたって使い続けてきた。

　しかし、さすがにT-10も旧式化し、さらに2000年代に入って急速に進化した歩兵の個人装備にも対応できるようにするため、新型パラシュートの開発が進められた。これはATPS(先進戦術パラシュート・システム)と呼ばれるもので、制式名称はT-11として2007年頃から実験的な配備が始まっている。

T-11は従来のパラシュートのように傘型ではなく、クロス型と呼ばれる独特な形状となっている。キャノピー(主傘)は平面形が十字型の大きな布の四隅を縫い合わせたような形で、キャノピー自体が大型化して容積はT-10よりも14パーセント、表面積にして28パーセント増加した。これにより重量も14パーセント増したが、降下率(降下距離÷時間)が25パーセント減少して着地時の衝撃を和らげ、ソフト・ランディングが可能になったという。また四隅にスリット(開口孔)を設けたことで、パラシュート内部に流入する空気の流れを方向制御に利用できるため、操縦性も大きく向上している。キャノピー部分は裂けにくいリップストップ・ナイロン製。パラシュートを収納するコンテナや体を支えるハーネスなどのパーツには、耐水性で非常に丈夫なコーデュラ・ナイロンが使われている。

●T-11パラシュートの構造

スリット / メイン・キャノピー / サスペンション・ライン / 風避け / ライザー

*ATPS=Advanced Tactical Parachute Systemの頭文字。

Special Equipments

[左]最近配備が開始されたT-11では、ハーネスのアタッチング・ループ(ライザーとハーネスを接続する金具の一部)を廃止して、以前のT-10のハーネスに近いものになっている。

[下]イラストはT-11のプロトタイプ。ライザーとキャノピー・リリースの接続部分が従来のものとは異なり、ラム・エア型(P.184参照)で使われているようなリングを介して接続する方式を取っていた。これはパラシュートの操縦性をより高めるためのもの。キャノピー・リリースは緊急時に瞬時にパラシュートを切り離すことができるようにするため残されている。

▼T-11パラシュート(プロトタイプ)

▼T-11(プロトタイプ)のコンテナ

❶アタッチング・ループ ❷キャノピー・リリース・カバー ❸Dリング ❹リザーブ・パラシュート・エジェクター・スナップ ❺リザーブ・パラシュート ❻レッグ・リリース金具 ❼フィルダー・キット・パック(折りたたみ式バッグ) ❽M4A1アサルト・ライフル ❾T-11パラシュート・コンテナ(メイン・パラシュート) ❿スタティック・ライン ⓫キャノピー・リリース ⓬スタティック・ライン ⓭T-11パラシュート・コンテナ(メイン・パラシュート)

第4章 特殊装備

CHAPTER 4

10. パラシュート(5)

特殊作戦はフリー・フォール降下

　空挺作戦のように公然たる軍事作戦でなく、隠密性を伴う特殊部隊のパラシュート降下では敵に発見されないことが最重要である。そのため高高度からのフリー・フォール降下を行なうが、これは特殊部隊では欠かせない技術である。特殊部隊員が探知されることなく敵地に密かに潜入するにはラム・エア型パラシュートを使ったフリー・フォール降下が最も適しており、そのため*HAHO(高高度降下高高度開傘)や*HALO(高高度降下低高度開傘)といった特殊な降下技術が使われる。

[左]自由落下する際の降下速度は、たとえば高度1万メートル以上から降下すると最大速度は時速360キロに達するが、降下するにしたがい落下速度は時速200キロ程度の一定速度に落ち着く(空気抵抗により飛行機の速度から受けた加速度が減少し、空気抵抗と降下者の重量が等しくなるため)。また飛行速度が速い飛行機からパラシュート降下を行なう場合、自由落下して加速度を減少させてから開傘したほうが、体に加わる衝撃を緩和することができる。

[右]フリー・フォール降下では飛行機から降下後、自由落下して所定高度で開傘を行なう。開傘はハーネスに付けられたリップコードを降下者自ら引くか、自動開傘装置を使う。自動開傘装置は降下中の気圧の変化を感知して、設定した高度でパラシュートが引き出されるように働く。

*HAHO=High Altitude High Openingの頭文字。「ヘイホー」と読む。　*HALO=High Altitude Low Openingの頭文字。「ヘイロー」と読む。

Special Equipments

●フリー・フォール降下用パラシュート装備

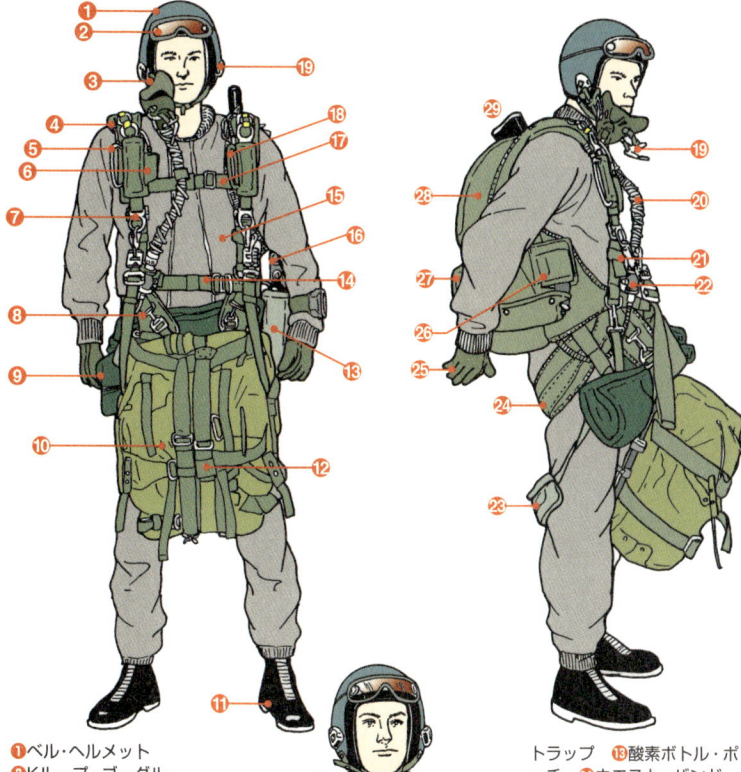

❶ベル・ヘルメット
❷Kループ・ゴーグル
❸酸素マスク(MBU-12/P) ❹3リング・キャノピー・リリース
❺メイン・リップコード・ハンドル ❻カッターウェイ・ハンドル
❼ラージ・アタッチメント・リング ❽レッグ・ストラップ ❾フォルダー・キット・バッグ(折りたたみ式バッグ) ❿バックパック ⓫ジャンプ・ブーツ ⓬Hハーネスおよびアタッチング・ストラップ ⓭酸素ボトル・ポーチ ⓮ウエスト・バンド ⓯ジャンプ・スーツ ⓰酸素流量バルブ ⓱チェスト・ストラップ ⓲リザーブ・リップコード・ハンドル ⓳酸素マスク・バヨネット ⓴酸素マスク・ホース ㉑メイン・リフト・ウェブ ㉒酸素マスク接続ウェブ ㉓バックパック吊り下げライン ㉔サドル ㉕グローブ ㉖自動開傘装置収納部 ㉗メイン・キャノピー収納部 ㉘リザーブ・キャノピー収納部 ㉙銃

第4章 特殊装備 193

11. 装甲強化型ハンヴィー

高機動装輪車両の増加装甲キット

　イラクやアフガニスタンに派遣されたアメリカ軍歩兵の足となったのが、HMMWV（ハンヴィー）と呼ばれる高機動多用途装輪車両だった。不整地や急斜面でも簡単には走行不良にならないタフな足回りと頑丈なフレームを持つハンヴィーは、歩兵の強い味方だった。

　このハンヴィーに、IED（即製爆発物）攻撃などに対しても、ある程度の防御力を持たせるための増加装甲キットが開発されている。キットを取り付けた装甲強化型ハンヴィーとして、M1114とM1151が多用されている。

[左]待ち伏せ攻撃を受けて破壊されたハンヴィー。成形炸薬弾の一種であるEFP（自己鍛造弾）などを使用されると、強力な貫通力で装甲車両でも簡単に撃破されてしまう。[下]アメリカ陸軍のM1151装甲強化型ハンヴィー。上部に設置されている装甲銃座はO-GPKと呼ばれるキットのひとつで、7.62ミリ銃弾やIEDの爆風や破片からガナー（射手）を守る。製造はピカティニー・アーセナル社。

*ハンヴィー＝High Mobility Multi-purpose Wheeled Vehicleの頭文字からつけられた名称。ちなみにハンヴィーの民生型がハマー。　*EFP＝Explosively Formed Penetratorの頭文字。爆発成形浸徹体とも呼ばれる。　*O-GPK＝Objective Gunner Protection Kitの頭文字。　*UAH＝Up-Armored Hmmwvの頭文字。

Special Equipments

●装甲が強化されたハンヴィー

小銃弾や砲弾破片の直撃や地雷の爆発などから乗員を保護するため、M998ハンヴィーにキット式の装甲を施し、ターボチャージャーを搭載してエンジンを強化したものがM1114である。車体も全長4.8メートル、全幅2.3メートルと大型化し、重量も約4400キロに増加している。2000年代に入って、さらなる追加装着式の装甲強化キットO-GPKが開発されている。これはM1114やその能力拡張型のM1151に装着され、UAH(さらに装甲化されたハンヴィー)と呼ばれる。

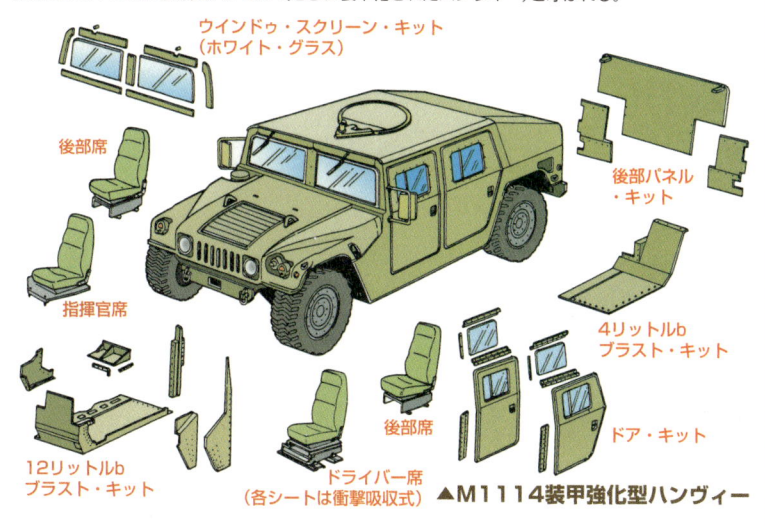

ウインドゥ・スクリーン・キット
(ホワイト・グラス)

後部席

指揮官席

後部パネル・キット

4リットルb ブラスト・キット

12リットルb ブラスト・キット

後部席

ドライバー席
(各シートは衝撃吸収式)

ドア・キット

▲M1114装甲強化型ハンヴィー

▼M1151装甲強化型ハンヴィー

O-GPK

ガナー・シート・キット

フロントグリル・シールド・キット

ドア・キット

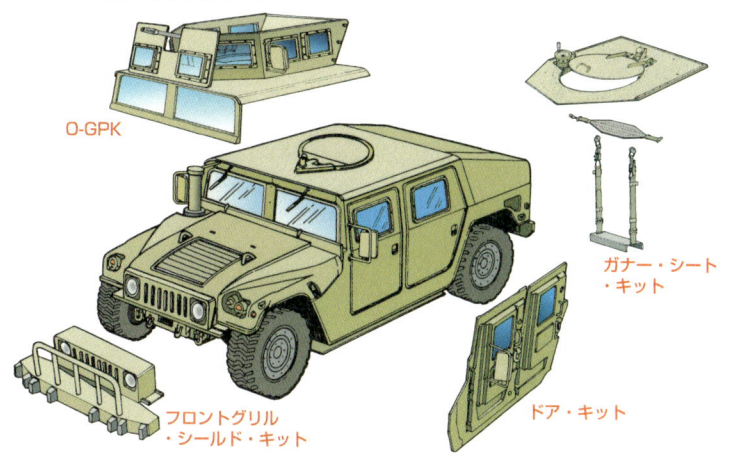

*UAH=Up-Armored Hmmwvの頭文字。

第4章　特殊装備　195

CHAPTER 4

12. 耐地雷車両(1)

爆弾攻撃に耐える戦闘車両とは

　テロの攻撃手段として最も使われているのが爆弾である。イラクやアフガニスタンではIED(即製爆発物)により、多数の兵士に死傷者が出ている。

　こうしたなかで、注目されているのがMRVs(耐地雷車両)やMRAP(耐地雷／待ち伏せ防御)車両などと呼ばれる車両である。これらの車両は専用に開発されたものもあるが、多くは既存の民生用トラックなどをベースとして開発されている。

[右]MRAPの中で最も大型のバッファローHシリーズ(MPCVとも呼ばれる)は地雷などの爆発物処理にも使用される車両で、カテゴリーⅢに分類される。車内からマニピュレーターを操作して安全に処理作業が行える。
[下]カテゴリーⅡのクーガーMRAPを使用しての耐爆実験。車体下部での爆発のエネルギーを車体の左右に逃がしているのがわかる。

＊MRVs=Mine Resistant Vehiclesの頭文字。　＊MRAP=Mine Resistant Ambush Protectedの頭文字。「エムラップ」と読む。アメリカ軍独自の名称で、カテゴリーⅠ～Ⅲの3タイプに分類し運用している。　＊MPCV=Mine Protected Route Clearance Vehicles(地雷防御処理車両)の頭文字。

Special Equipments

パトロールや偵察、指揮任務に使用されるカテゴリーⅠのマックスプロ社のDASH MRAP。9.3リットルのMaxx Force D8エンジンを搭載する4輪駆動車。

車列警護や兵員輸送、急患輸送などに使用されるカテゴリーⅡのクーガーHシリーズのMRAP。ロシア製の爆風・破片型地雷が爆発しても乗員を防護できる能力を持つ。

[下]ナビスターMRAP回収車。故障を起こしたり、爆発でダメージを受けたMRAPを回収するために開発された車両。

13. 耐地雷車両(2)

地雷爆発に耐える車体構造

　MRVs(耐地雷車両)は、地雷や仕掛け爆弾が車体下部で爆発した際に、いかに乗員を守るかに重点が置かれた装甲車両である。MRVsは大型から小型まで様々なタイプがあり能力も様々だが、共通しているのは、待ち伏せ攻撃をかけられても自力で現場から脱出できるよう装甲を施したり足回りを強化、空気が抜けても走行可能なランフラット・タイヤを装着していること。また車体下面でIEDが爆発しても、爆風や衝撃をそらしてダメージが少なくなるよう、底部が舟の底部のような形をし、また車体がひっくり返っても乗員を保護する工夫が凝らされていることだ。
　一方でMRVsには、車体が大型化し、底部が舟型のため重心位置が高くなり横転しやすい、全輪駆動なのに不整地走行性能が限定される、車体の装甲が7.62ミリ徹甲弾程度に対する防御力しかない、など多くの問題も指摘されている。

●MRVsの特徴

イラストは、オーストラリア軍のブッシュマスターのような中型MRVsの特徴を示したもの。❶エンジン(装甲が施された車体部分に収納して爆発から防護している) ❷ステアリングおよび運転装置 ❸ドライバー・シート(シート自体が防弾機能を持つ) ❹助手シート(シート自体が防弾機能を持つ) ❺空調装置(耐NBC機能を持つ) ❻無線機などの機材 ❼兵員シート(各シートが装甲板で防護され、爆発で車体がひっくり返っても安全なように4点式シート・ベルト付き) ❽装備ラック ❾後部駆動装置(デフ、ブレーキ、サスペンションなどで構成される駆動装置) ❿トランスファー(トランスミッションからの動力を前輪および後輪に伝達して4WDとして機能させる) ⓫前部駆動装置およびパワー・ステアリング機構 ⓬車体下部装甲(駆動機構を爆発から防護する)

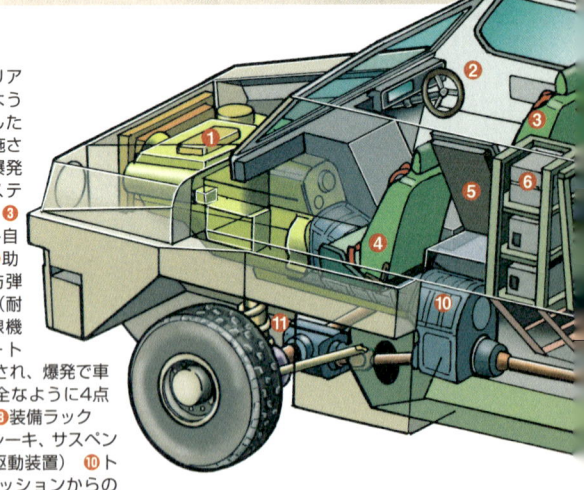

*デフ=ディファレンシャル・ギア(差動装置)の略。

Special Equipments

オーストラリア軍で使用しているMRVsブッシュマスター。アフガニスタンに派遣されている多くのオーストラリア軍兵士をIEDの脅威から守っている。

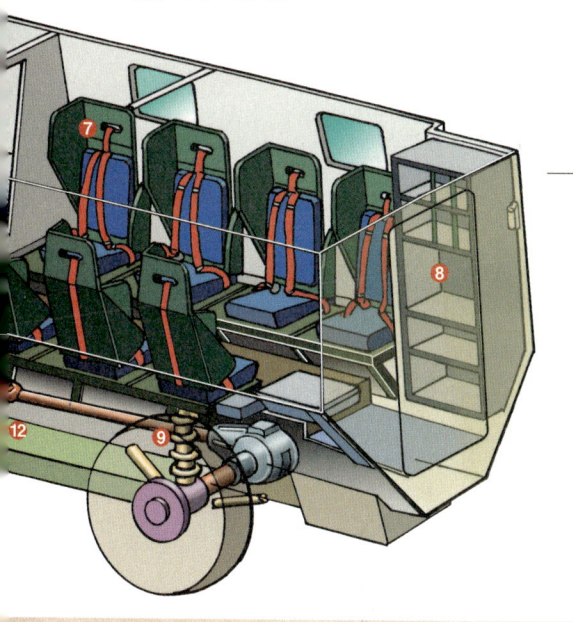

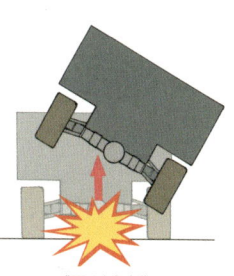

《平型底部》
爆発エネルギーをまともに受けてしまう。

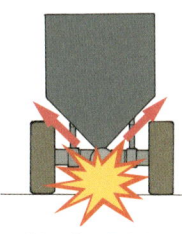

《舟型（V型）底部》
爆発エネルギーを車体の左右に逃がす。

14. 耐地雷車両(3)

全地形対応車両に求められるもの

IED（即製爆発物）対策に装甲を強化したハンヴィーであっても、車体下面からの爆発攻撃には耐えられない。また、イラクでの活動用に開発された

●M-ATVの特徴

❶車両には通信ネットワークを構成して効率的な作戦行動が行なえるように様々な無線が搭載されており、車体にはいくつものアンテナが設置されている（ⓐ近距離用デジタル無線のUHFアンテナ、ⓑ空軍の近接航空支援部隊の航空機との連絡を取るための無線のHFアンテナ、ⓒ車両搭載用の携行式マルチバンド無線機の移動型衛星通信機能を発揮させるためのXウイング・アンテナ、ⓓ電子妨害装置のウォーロック・アンテナ。携帯電話を使った電波起爆式IEDを爆発させないように妨害電波を出す）❷全長約6.2メートル、重量約11.3トンの車体に出力の高いエンジン（キャタピラー社製C7エンジン、排気量7.2リットル、出力370馬力）を搭載 ❸機動性を高めるTAK-4独立式サスペンション ❹舟のキール（竜骨）のような車体下部構造 ❺防護が強化されたキャビン ❻視界のよい強化防護型銃座

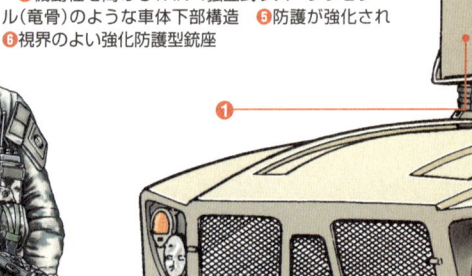

＊M-ATV＝MRAP-All Terrain Vehicleの頭文字。

Special Equipments

MRAP（耐地雷／待ち伏せ防御）車両は、車体が大きすぎて起伏の激しいアフガニスタンでは扱いにくかったという。

そこでハンヴィーのようにあらゆる地形で運用できる高い機動性を持ちながら、MRAPと同様の性能を持つ車両の必要性が急速に高まった。アメリカ国防省のM-ATV（全地形対応車両MRAP）プログラムで選定されたのが、オシコシ社の車両であった。

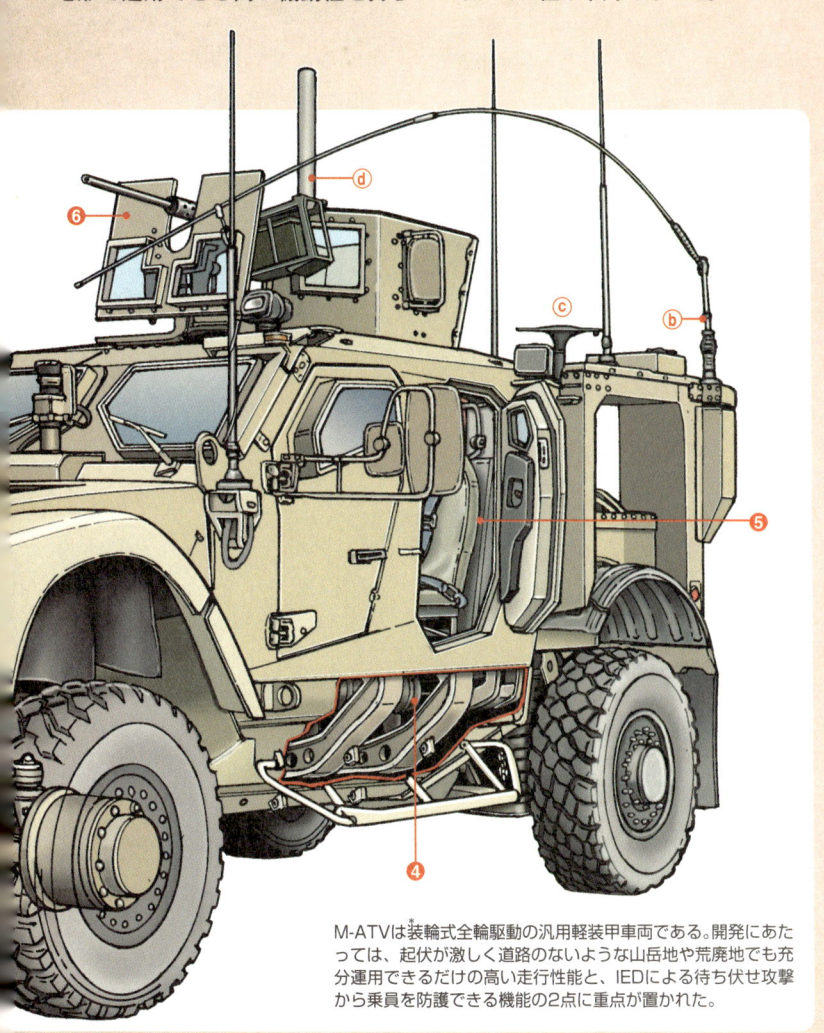

M-ATVは装輪式全輪駆動の汎用軽装甲車両である。開発にあたっては、起伏が激しく道路のないような山岳地や荒廃地でも充分運用できるだけの高い走行性能と、IEDによる待ち伏せ攻撃から乗員を防護できる機能の2点に重点が置かれた。

＊装輪式＝車輪（タイヤ）走行すること。履帯（キャタピラ）走行する車両は装軌式と呼ばれる。

15. 機械化歩兵部隊

戦車と共に戦える歩兵戦闘車

　第二次大戦において、歩兵を戦車に随伴できるような車両に乗せて、戦車部隊と共同作戦ができるようにしたのが機械化歩兵部隊の始まりである。

　戦車は強力な攻撃力を持つが死角が多く、敵の伏兵は大きな脅威となる。特に森林地帯や市街地のような見通しが利かず、射界の狭い地域を戦車だけで行動するのは危険だ。そこで歩兵が戦車の目となって監視を行ない、戦車は歩兵の盾となって前進する。戦車の脅威となる対戦車兵器や対戦車砲を備えた敵の火力点に対しては、戦車の強力な火力支援の下に歩兵が突撃して制圧するのである。

　現代の機械化歩兵部隊、特にアメリカのそれは単に戦車に随伴するのみではなく、機械化歩兵自体が強力な機動力と戦闘力を持つ。その源泉となるのが戦車に追従できる機動性と、軽装甲車両程度であれば簡単に撃破できる戦闘能力を持つIFV（歩兵戦闘車）である。

　とはいえ、陸軍の基本となる兵科が歩兵であることは現在でも変わらず、アメリカ陸軍の機械化部隊でも下車戦闘を行なう歩兵を重視している。

> 歩兵戦闘車は、乗車した歩兵を防護する装甲を持つAPC（装甲兵員輸送車）に強力な武器を搭載して火力を増大させ、歩兵が乗車したまま戦闘が行なえるようにした戦闘車両だ。アメリカ陸軍のM2ブラッドレーIFVは、路上最高速度：時速66キロ、路上行動距離：483キロ、登坂力60パーセントとM1戦車と行動を共にする充分な能力を持つ。

*IFV=Infantry Fighting Vehicleの頭文字。　*APC=Armored Personnel Carrierの頭文字。

Special Equipments

●アメリカ陸軍機械化歩兵(1980年代以降)

❶TOW対戦車ミサイル ❷通信機 ❸車長 ❹発煙筒発射器 ❺7.62ミリM240機銃 ❻25ミリ・チェーンガンM242 ❼カミンズVTA903Tターボ付きディーゼル・エンジン ❽波切板 ❾操縦手用計器 ❿操縦手 ⓫乗車用ペリスコープ ⓬乗車歩兵(乗車したまま戦闘が行なえる) ⓭砲手

▶M2ブラッドレー歩兵戦闘車(初期型)

車長(分隊長補佐)(M16)　操縦手(M16)　砲手(M16)
―《乗車班》―

―《降車班》―
分隊長(M16)　通信手(M16)　分隊支援火器射手(M249)　擲弾筒手(M203)　機関銃手(M60)　対戦車特技兵(ドラゴン+M16)

1980年代以降のアメリカ陸軍では、機械化歩兵小隊は指揮班(小隊長の少尉、先任下士官、通信手、射手、操縦手で構成)およびライフル歩兵3個分隊で編成される。そのうちの1個分隊がM2ブラッドレー1両に搭載して戦闘を行なうことになっていた。

戦車に同行して戦うのが機械化歩兵といっても、常時戦車部隊に同行するというものではない。通常は、M2に乗った単一兵科の機甲歩兵として戦闘を行なう。M2には1個分隊(9名)が乗るが、内訳は乗車班3名(あるいは2名)、降車班6名(あるいは7名)である。分隊長は最も重要な行動について指揮を執るため、どちらの班についてもよい(上のイラストで分隊長は乗車班に入っているが、自らの判断、あるいは小隊長の命令によって降車しないことがある。その場合は車長に降車班の指揮を任せる)。降車班が降車するのは、M2の行動を制限する地形や有力な対戦車火器が存在する場合、目標の襲撃および掃討や、すでに下車している降車兵を守る場合、M2の進行する経路と別の経路を行く場合、障害物や危険地域を排除する必要がある場合である。いずれにせよ、分隊長自らの判断、あるいは小隊長の命令によって行動する。

*ドラゴン=M47対戦車ミサイルのこと。

16. ストライカー装甲車両(1)

旅団戦闘団の中核を成す車両

　ストライカーは、ジェネラル・ダイナミクス・ランド・システムズ社のアメリカとカナダの部門が共同開発した装輪式装甲車両で、アメリカのミディアム師団構想の中核を成す。C-130輸送機での空輸が可能で、市街戦など密集した狭い地域での戦闘に適するように足回りが改良され、機動性も高い。アメリカ陸軍のフォース21構想に沿った指揮・統制システムを持つ。

　ストライカーにはCV(指揮車)、ICV(歩兵輸送車)、MGS(機動砲システム)、RV(偵察車)など用途に応じた10タイプの車両がある。

❶アリソンMD3066トランスミッション　❷キャタピラ製3126ディーゼル・エンジン(出力:350馬力)　❸デルフィ製エアコン装置(ICV、NBC車両のみ)　❹車長用FBCB2戦闘指揮システム　❺下車歩兵支援用兵器(12.7ミリ M2重機関銃または40ミリ Mk19自動擲弾発射機)　❻車長席　❼兵員用シート

Special Equipments

❽後部ランプ ❾SB製デュアル・スペクトラム消火システム ❿モニター(車内の兵士に周囲の状況や敵味方位置、戦況などの状況を示す) ⓫ミシュラン製タイヤ1200R20XML ⓬タイヤ圧中央制御装置(CTIS) ⓭8輪独立油気圧サスペンション ⓮操縦手席 ⓯ステアリングおよび操縦装置 ⓰レイセオン製操縦手視察装置

[上]ストライカーICV。ストライカーは正面装甲でも14.5ミリ重機関銃(徹甲弾)に耐えられる程度の装甲しかなく、20ミリ・クラスの重機関砲や対戦車ロケットのような強力な武器を持つ敵との交戦を想定していない。[下]車体全周を取り囲む檻のようなものは装着式追加装甲。ロケット弾の成型炸薬弾頭をスラット状の薄い板で遮って装甲表面から離すことで、弾頭のメタル・ジェットの貫通効果を妨害する働きを持つ。

*ミディアム師団構想=地域紛争やテロに対して迅速に戦力を展開する緊急展開部隊の構想で、のちにストライカー旅団戦闘団として編制された。 *フォース21構想=全ての情報を分隊レベルあるいは兵士個人で共有し、自由な情報伝達を図ろうとする構想。

第4章 特殊装備

17. ストライカー装甲車両(2)

ストライカー・ファミリー

　イラクやアフガニスタンで起きている戦闘は"中心のない戦争"といわれる。つまり、固定された主力陣地を持たず、広い地域に分散配置されて神出鬼没な戦闘を行なう敵との戦いである。こうした戦いにはデジタル化された高

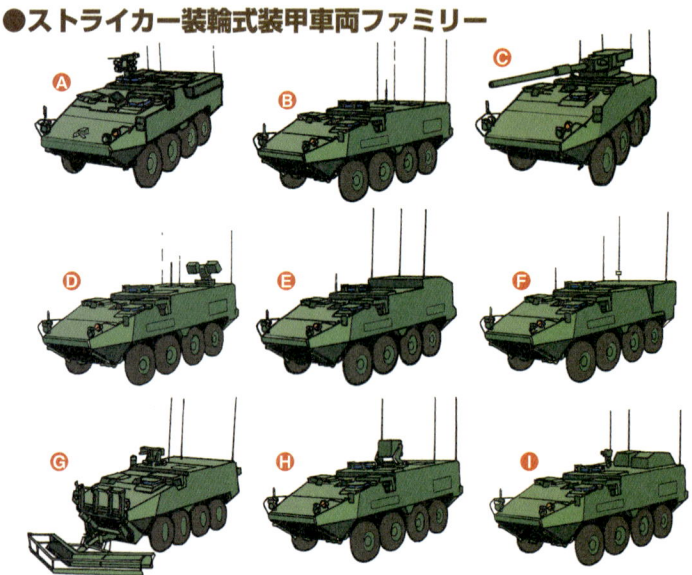

●ストライカー装輪式装甲車両ファミリー

　ストライカー装甲車両ファミリーは、**Ⓐ**歩兵輸送車(下車歩兵9名/重機関銃M2/Mk19装備)、**Ⓑ**指揮車(デジタル指揮・統制・通信機器搭載)、**Ⓒ**機動砲システム(105ミリ戦車砲搭載)、**Ⓓ**火力支援車(レーザー目標観測・攻撃指示装置を搭載)、**Ⓔ**医療後送車(応急処置/後送設備搭載)、**Ⓕ**迫撃砲車(120ミリ迫撃砲搭載、予備81ミリ迫撃砲)、**Ⓖ**工兵分隊車(地雷処理/設備装備を搭載)、**Ⓗ**対戦車ミサイル車(TOWⅡB搭載)、**Ⓘ**NBC偵察車(NBC兵器探知システム搭載)、**Ⓙ**監視偵察車(先進監視システム搭載)で構成されている。車体の基本諸元は全長：6.88メートル、全幅：2.68メートル、全高：2.60メートル、戦闘重量：17.2トン、航続距離(メンテナンスなしで走れる距離)：531キロメートル。

＊C4ISR=Command(指揮)、Control(統制)、Communication(通信)、Computer(コンピュータ)、Information(情報)のC4Iに、Surveillance(監視)、Reconnaissance(偵察)を加えた軍事上の概念で、あらゆる情報を統合的に活用しようとするもの。

Special Equipments

いC4ISR能力と、どこへでも部隊を展開して戦える高い機動力を持っていなければ対応できない。そのような新しい形の戦争を想定して開発されたのが、適度な火力と装甲を持ち、機動性の高いストライカー装輪式装甲車両である。

用途別に10タイプあるストライカーのそれぞれの車両は、主力戦闘部隊、騎兵大隊、支援部隊で編成されたストライカー旅団戦闘団の要となっている。

ストライカーの前の世代のブラッドレー歩兵戦闘車に搭乗する兵員は9名だったが、下車戦闘班は6名と少なかった。一方、ストライカー歩兵輸送車(写真)に搭乗する兵員数は11名で、下車戦闘を行うな歩兵は9名。1個分隊で配属されている歩兵の数が多くなっている(場合により分隊を4名1組の射撃班2個に分けて戦闘を行なう)。また車両には車長と操縦手が専属配備されており、分隊長は下車戦闘班に入る。これはイラク戦などのような大都市部の掃討作戦では下車戦闘が主になり、歩兵の絶対的な頭数が必要になるためだ。

●限定的任務で多用される短機関銃

第二次大戦では近距離戦闘用の小火器として多用されたサブマシンガン(短機関銃)も、戦後は命中精度の悪さから過去のものとなっていた。しかし現在、サブマシンガンは限定的な任務(特殊部隊や警察の対テロ部隊の特殊作戦など)においては非常に有効として見直されている。サブマシンガンは構造的に正確に目標に命中させるのが難しく、弾丸はかなりの範囲にまき散らされる。使用する弾薬も9ミリや45ACPといったピストル弾で、弾丸自体の威力も小さく、有効射程も100メートル程度。とはいえ毎分400〜700発近い弾を発射できるのだから、近距離戦闘では敵を威嚇する有効な武器に充分なりうるのだ。

建物や室内への突入、あるいは限定された区域における市街戦などでは、適度に射程が短く弾丸の威力が弱いほうがいい場合もある。そうした理由から、現在でも軍隊では短機関銃の取り扱い訓練が行なわれている。[上]PK3短機関銃の射撃訓練中のアメリカ兵。[下]連射時の反動を大幅に軽減できるよう工夫されたクリス社のベクターSMG 45ACP。

18. レーザー照射装置

強力な兵器を標的に誘導する装置

　歩兵の携行する火器では破壊できない目標への攻撃には、砲撃あるいは爆撃などの方法が採られるが、その際に必要となるのが目標の位置座標だ。位置座標の測定は、レーザー・レンジファインダー（レーザー測距装置）やGPS（全地球測位システム）を使用する。

　また、航空機がレーザー誘導爆弾などのスタンド・オフ兵器で敵の重要施設を攻撃する時には、特殊部隊などの兵士が地上からレーザー・デジグネーター（レーザー照射装置）を使って目標を指示してやる必要がある（最近ではレーザー誘導の砲弾も開発されている）。このレーザー・デジグネーターは、米軍ではGLTD（地上レーザー標的指示装置）と呼ばれ、砲撃のために目標までの距離を測定したり、航空機の投下するレーザー誘導爆弾やミサイルの終末誘導に使用される。さらにレーザー・レンジファインダーとレーザー・デジグネーターの機能を併せ持ち、赤外線映像装置の機能を加えた装置がLLDRである。

●LLDRを使用したレーザー誘導爆弾攻撃

レーザー誘導爆弾の投下は次のように行なわれる。特殊部隊の兵士が攻撃目標❶の位置情報をレーザー・レンジファインダー❷やGPS❸を使って調べ、そのデータを衛星通信❹で司令部に報告する。司令部は目標を攻撃するために攻撃機❺を発進させる。攻撃機は敵の対空兵器❻の射程圏外からレーザー誘導爆弾を投下❼する。この時、地上の特殊部隊はレーザー・デジグネーターを使い目標を照射❽、目標に反射したレーザー波はレーザー・コーン❾と呼ばれる逆円錐型の反射波を構成するので、攻撃機はその中に爆弾が飛び込むように投弾❿する。爆弾の誘導にはNd：YAGレーザーが使用され、照射するそれぞれのレーザー光には固有のコードが与えられているので、敵が出したレーザー光などに欺瞞されることはない。

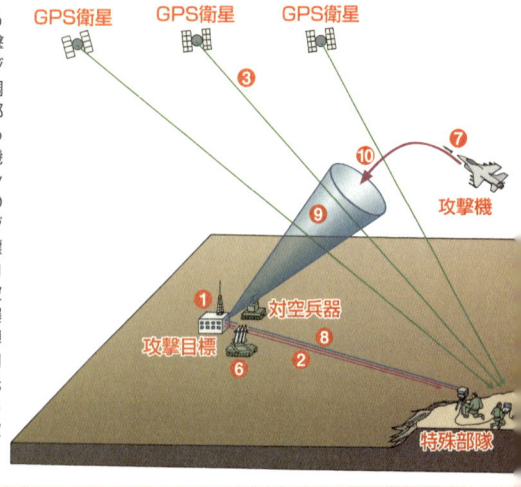

＊GPS＝Global Positioning Designatorの頭文字。　＊スタンド・オフ兵器＝相手の攻撃圏外から攻撃できる長射程の兵器のこと。　＊GLTD＝Ground Laser Target Designatorの頭文字。

Special Equipments

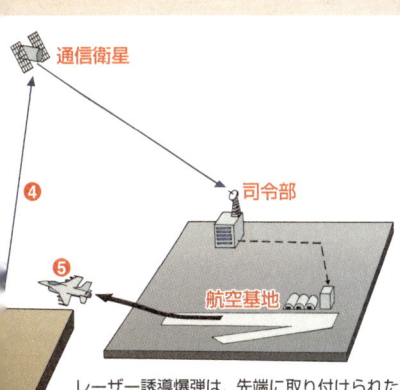

通信衛星

❹

司令部

❺

航空基地

レーザー誘導爆弾は、先端に取り付けられたシーカーがレーザー波を捉え、内蔵コンピュータがそれに合わせて爆弾のフィンを動かして軌道を変えて、レーザー波の反射源である目標に命中させる。爆弾を投下する爆撃機は敵の防空網を避けるために、できるだけ遠方から爆弾をポップアップ投射(投射直前に上昇して爆弾を上方へ投げ上げるように投下)して距離を稼ぐ。もちろん水平投射もできる。

[上]LLDRは、レーザー・レンジファインダーおよび赤外線映像装置、昼間TVが内蔵された目標位置捕捉装置部とレーザー・デジグネーター部で構成されている。写真のように三脚に固定して使用するが、GPS受信機やパソコンを接続して操作することもできる。重量約16キロ。
[下]ノースロップ・グラマン社のGLTD Ⅲ レーザー照射装置。重量が5.2キロほどで照射距離は200メートル～約20キロ。

*LLDR=Lightweight Laser Designator Rangefinderの頭文字。 *Nd:YAGレーザー=ネオジム・ヤグ・レーザー。工業用、医療用に最も使われている固体レーザー。

第4章 特殊装備

CHAPTER 5
Future Infantry Equipments

第5章

未来の歩兵装備

開発が進む軍用ロボットや
先進歩兵戦闘システムから光学迷彩まで。
ここでは近未来の歩兵装備について見ていく。

CHAPTER 5

01. 軍用ロボット(1)

実戦投入されているロボット兵器

現在、アメリカ陸軍をはじめ各国の軍隊ではロボット兵器を積極的に開発・導入している。実際にロボットを戦闘に投入し、効果をあげている例もある。

人間を一人前の兵士に養成するまでには長い時間がかかるし、負傷した場合のケアまで含めた経費は莫大なものとなる。ロボットが多用されるようになったのは、人間の兵士よりも軍用ロボットを購入・運用するほうがコスト・パフォーマンスがよくなってしまったという背景があるわけだ。

今のところ実戦投入されているロボットのほとんどは実用一点張りの形態で、無線または有線によりオペレーターが遠隔操作するものである。人工知能により自律的に行動できるような「人型ロボット兵士」の登場は、まだしばらくかかるであろう。

アメリカ軍が偵察用ロボットとして採用したリーコン・スカウト。非常に軽量で重量が540グラムしかなく、写真のように投げても壊れない頑丈な構造。モノクロ・カメラおよび赤外線センサーを内蔵し、遠隔操作で動かす。野外で約100メートル、室内で約30メートルの視察が可能で、画像は録画できる。

Future Infantry Equipments

戦闘で負傷した兵士の回収など、様々な任務に使用できるベクナ・ロボティクス社の「ベアー」。左右2つ、計4つのクローラーを使い、姿勢を変化させることができる。

[左]ロボットの移動方式はいろいろあるが、不整地において最も踏破性が高いのが多足歩行方式であるといわれ、様々な研究機関や企業で開発が進められている。写真はDARPAとボストン・ダイナミック社が開発を進めている「ビッグ・ドッグ」。生き物のように動く姿が動画で公開されている。

[下]ロッキード・マーチン社のSMSS(分隊ミッション支援システム)。無人ロボット輸送車両で、戦場で兵士が携帯する装備類を載せて運ばせる。遠隔操作やプログラムに基づいた自律走行が可能。特定の人物をセンサーで認識させて、後をついていかせることもできる。約0.5トンを搭載可能で、航続距離は約200キロメートル。

＊クローラー＝無限軌道(キャタピラは商標名のため別の名称を使っている)。　＊DARPA=Defense Advanced Research Projects Agencyの頭文字で、国防高等研究計画庁(アメリカ国防総省の機関)のこと。

02. 軍用ロボット(2)

歩兵部隊が使う空のロボット兵器

　*UAVは無人飛行体と訳されるが、その実体は空飛ぶロボット兵器である。

　歩兵部隊で使用するUAVは、性能のよいラジコン飛行機に偵察装置を載せたような簡単なものだから、生産や運用にかかるコストは非常に安い。それでもUAVがあれば、偵察や情報収集などを危険を冒すことなく行なえるのだから、兵士にとって頼りになる兵器だ。

アメリカ軍の歩兵部隊が偵察や監視などで使用するRQ-11レイブンは、ラジコン模型飛行機程度の大きさだが、もちろん性能は格段に高い。CCDカメラや各種センサー類、GPS、通信装置、バッテリー、推進装置などが搭載されている。オペレーターによる操縦が基本。

＊UAV=Unmanned Aerial Vehicleの頭文字。無人航空機、無人機とも訳される。

Future Infantry Equipments

アメリカ軍の将来型戦闘システムの無人機の候補となっているクラス1 MAV(ハニウェルMAV)。ダクテッド・ファンにより飛翔し偵察を行う小型UAVで、ダクトの直径30センチ、重量約7.25キロ。最大152メートルまで上昇できる。アフガニスタンで30機ほどが使用されている。

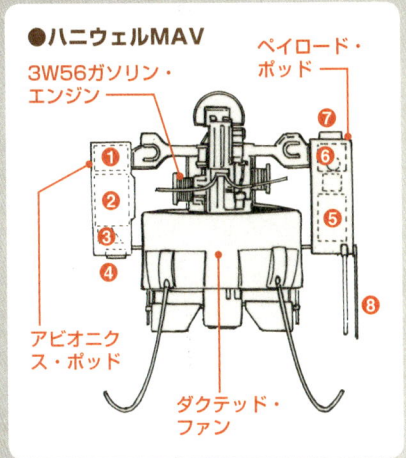

●ハニウェルMAV

3W56ガソリン・エンジン
ペイロード・ポッド
アビオニクス・ポッド
ダクテッド・ファン

❶バッテリー・パック ❷アビオニクスカード・ストック ❸IMU ❹レベル・センサー ❺GPSモジュール ❻EOカメラ ❼GPSアンテナ ❽ダウンリンク／アップリンク・アンテナ

小型UAVとはいえ、本体以外にも操縦装置や受信装置など持ち歩くにはかさ張る機材が多く、装備品の多い歩兵部隊には負担となっている。またUAVの運用には最低3名の人員が必要となる。そこで現在では、小型UAVよりもさらに小さい1人でも運用できるUAVが研究開発されている。

*MAV=Micro Aerial Vehicleの頭文字で、超小型飛行体のこと。

CHAPTER 5

03. 軍用ロボット(3)

鳥や昆虫のように羽ばたくロボット

前項のMAV（超小型飛行体）よりさらに小型化を目指す次世代MAVは、ハチドリや昆虫のように羽ばたき飛行を行う機体だ。これまでのUAVとは違って地表近くの低い高度を低速で飛行し、それほど広くない範囲で運用される。簡単にいえば建物内部の捜索や監視、屋内での盗聴や盗撮といった活動に向いている。

このようなMAVは、アメリカでは、全長全幅ともに15センチ以下、重量100グラム以下と定義されている。

[左][下]とも、アメリカ空軍で研究中の次世代MAV。機械式や油気圧式では小型化が難しいため、人工筋肉を収縮させて翅(はね)を動かして羽ばたく方式が採用されている。羽ばたきのメカニズムも鳥や昆虫を模倣し、それを単純化した構造となっている。

ハチドリや昆虫が空中を飛ぶ時に受ける空気の粘性は、人間の乗る飛行機とは大きく異なったものとなる。昆虫のように小さな飛行体（一般に15センチ以下）では、滑空飛行より羽ばたき飛行のほうが適しているといわれる。そのためMAVも羽ばたき式が研究されている。

＊ハチドリ＝最小サイズの鳥類で、最も小さいマメハチドリは体長6センチ、体重2グラム弱と昆虫サイズである。

Future Infantry Equipments

●羽ばたき型MAV

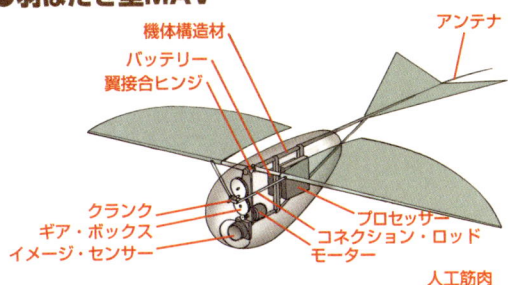

◀機械式羽ばたき型MAV

ギア・ボックスはモーターの回転を適度な回転数に落として、クランクに回転を与える。クランクが回転することで左右のコネクション・ロッドが上下動して翅を羽ばたかせる。このような機械式の羽ばたき型では小型化するのに限界がある。

（ラベル：機体構造材、バッテリー、翼接合ヒンジ、アンテナ、クランク、ギア・ボックス、イメージ・センサー、プロセッサー、コネクション・ロッド、モーター）

人工筋肉式の羽ばたき型▶ MAV

微弱な電流で収縮する人工筋肉で翅を羽ばたかせる方式なら、機体を小型化・軽量化することができるため、次世代のMAVとして注目されている。

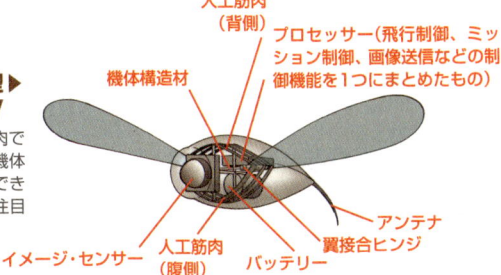

（ラベル：機体構造材、人工筋肉（背側）、プロセッサー（飛行制御、ミッション制御、画像送信などの制御機能を1つにまとめたもの）、アンテナ、翼接合ヒンジ、バッテリー、人工筋肉（腹側）、イメージ・センサー）

●1990年代のMAV

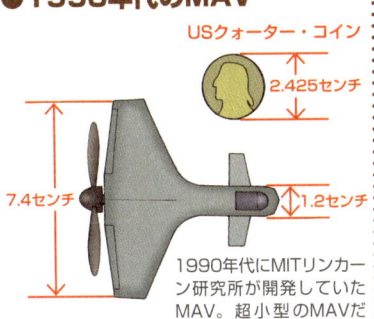

USクォーター・コイン　2.425センチ
7.4センチ　1.2センチ

1990年代にMITリンカーン研究所が開発していたMAV。超小型のMAVだが、当時は羽ばたき飛行が注目されていなかったので、カナード機の形状をしていた。

◀人工筋肉を使った羽ばたきの仕組み

背側の人工筋肉が収縮して翅を引き上げる

腹側の人工筋肉が収縮して翅をうち下ろす

●次世代MAVの使い方

[右]鳥や昆虫程度の大きさのMAVでは、高性能な人工知能の搭載は難しい。そのため多数のMAVを同時に使い、個々の機体が集めた断片的な情報を統合する方法が採られる（異なる機能を持たせたMAVを複数組み合わせ用いる方法もある）。このためMAVは、機体の生産や運用、維持にかかるコストが安くなければならない。

第5章　未来の歩兵装備

04. 先進歩兵戦闘システム(1)

デジタル歩兵ランド・ウォーリアー

　21世紀の陸軍の主要装備として開発され、実用化の段階にあるのがアメリカのランド・ウォーリアーに代表される先進歩兵戦闘装備システムだ。ランド・ウォーリアーは、歩兵に高度なデジタル通信機能を持たせて情報ネットワーク化するとともに、各種装備によって戦闘力と生残性を向上させようというものだ。

　こうした先進歩兵戦闘装備システムやUAVなどの軍用ロボット、戦闘車両の配備により、対テロ戦争など新しい形の戦争に軍隊を対応させようとするのがFCS（将来戦闘システム）と呼ばれる兵力近代化構想である。

アメリカ軍がアフガニスタンで実用試験を行なっているランド・ウォーリアーは、現在Gen.2（第2世代）のバージョンが開発されている（写真）。1990年代後半よりレイセオン社が開発してきたもので、IHAS（統合型ヘルメット・アッセンブリー・サブシステム）、コンピュータ／通信サブシステム、防護／個人装備サブシステムで構成される。歩兵各自にビデオカメラ／レーザー測距装置／暗視装置（熱映像装置）などの機能を持つ照準装置、通信装置、ヘッドアップ・ディスプレイ、携帯型コンピュータ、キーボード、バッテリー、GPS受信機などを持たせることで、各歩兵間、指揮官、司令部との情報交換が可能になる。戦況に合わせて的確に部隊を配置して戦わせたり、同士討ちをなくすことができるなど、歩兵部隊の戦闘能力を大幅に向上させるものである。当然ながら夜間戦闘能力も向上する。

*FCS=Future Combat Systemの頭文字。　*IHAS=Integrated Helmet Assembly Subsystemの頭文字。

Future Infantry Equipments

●ランド・ウォーリアー(Gen.2)

ヘルメット・サブシステム
データ通信や視察装置の画像、マップ・データなどを表示するディスプレイ装置と交信用のヘッドセットで構成されている

ウェポン・サブシステム
暗視装置や射撃照準装置の機能を持つ視察装置

コントローラー
コンピュータへの入力やシステムの操作を行なうキーボード

GPSアンテナ
GPS衛星の情報受信用のアンテナ

ワイヤレスLANアンテナ

CPU
ランド・ウォーリアーのシステムを作動させるための携帯型コンピュータ

GPSユニット
自分の位置情報を得るための装置

バッテリー
システム全体を機能させるための電源。1回の充電で連続12時間使用可能

EPLRS
画像通信を含めた無線の送受信の他に、現在位置を指揮官に伝える装置

歩兵をデジタル・ネットワーク化することで、指揮官や兵士が無線ネットワークにより交信して自分達の置かれている状況や命令を正確に把握できる。さらにはUAVなどの偵察情報、GPSの位置情報、他の部隊との情報の共有化などにより、戦闘における不確実性をなくし、味方の生存性を高め、効率的な戦闘が可能となる。ところで、先進歩兵戦闘装備システムの問題点の1つに重量増加がある。システムに様々な機能を持たせると重量が増し(22～25キロ程度)、兵士の大きな負担となってしまう。この問題を解決する手段として、歩兵が装着するパワー・アシスト装置の開発も進められている。

*EPLRS=Enhanced Position Location Reporting Systemの頭文字。 *兵士の大きな負担=アフガニスタンやイラクでは、歩兵1人の携帯する装備の重量は平均で50キロを越えるという。 *パワー・アシスト装置=P.228を参照。

第5章 未来の歩兵装備

CHAPTER 5

05. 先進歩兵戦闘システム(2)

フランス軍のフェリン・システム

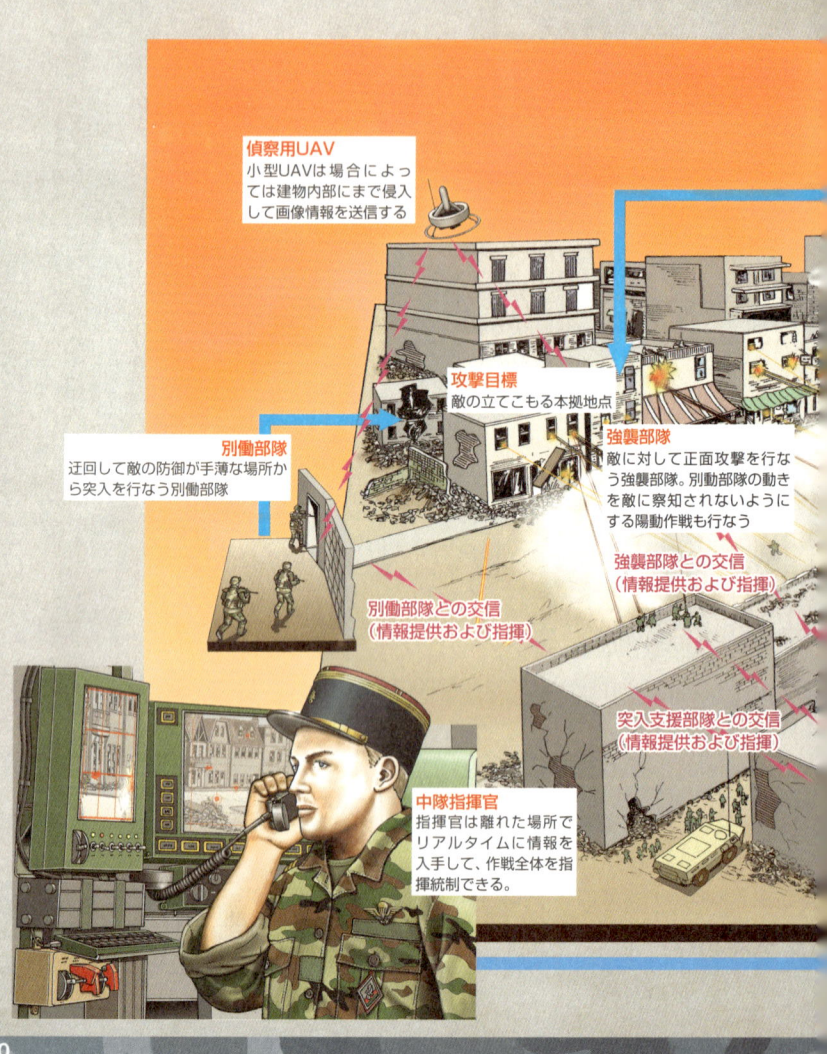

第1章 小火器

第2章 戦闘装備

第3章 生存装備

第4章 特殊装備

第5章 未来の歩兵装備

偵察用UAV
小型UAVは場合によっては建物内部にまで侵入して画像情報を送信する

攻撃目標
敵の立てこもる本拠地点

別働部隊
迂回して敵の防御が手薄な場所から突入を行なう別働部隊

強襲部隊
敵に対して正面攻撃を行なう強襲部隊。別動部隊の動きを敵に察知されないようにする陽動作戦も行なう

別働部隊との交信
（情報提供および指揮）

強襲部隊との交信
（情報提供および指揮）

突入支援部隊との交信
（情報提供および指揮）

中隊指揮官
指揮官は離れた場所でリアルタイムに情報を入手して、作戦全体を指揮統制できる。

Future Infantry Equipments

　先進歩兵戦闘システムを装備した歩兵部隊が、実際にどのように戦闘を展開するかをフランス陸軍のフェリン（次世代歩兵用統合装備）・システムで示してみた。
　指揮官を始めとして各兵士が、UAVなどの偵察システムにより敵に関する充分な情報を得てから戦闘を開始する。また展開される戦闘の状況は画像などを介して全員がリアルタイムで把握できる。これは従来の戦闘では不可能だった非常に大きな変化でといえる。

偵察用UAV
UAVからの偵察情報は指揮官を始めとして各部隊へ配信できる

敵火力拠点
対戦車兵器を保有する敵の火力拠点

UAVからの偵察情報

装甲車両部隊
装甲車両は火力で強襲部隊を支援

装甲車両部隊との交信（情報提供および指揮）

中隊本部
担当地域の敵の拠点を制圧・占領する作戦部隊（中隊）の指揮・統制を行なう

戦闘状況をマップで表示した画像

攻撃目標に到達した突入部隊は、ウェポン・サブシステムの視察装置を使い建物内を偵察する。撮影された画像は突入部隊の兵士全員に配信できる。

ウェポン・サブシステムにより配信される画像。指揮官はそれを見ながら作戦指揮が行なえる。戦闘に参加している兵士全員が画像により現在の状況を把握できる。

各兵士同士が戦闘状況や情報を無線ネットワークにより交信を行ない、敵の位置や自分の置かれている状況を理解することで、無駄をなくして戦闘任務が行なえる

壁に体を隠したまま銃だけ出して状況を視察できる。

第5章　未来の歩兵装備

06. 先進歩兵戦闘システム(3)

難易度の高い市街地戦闘で活躍

　先進歩兵戦闘システムを装備した歩兵部隊が、最も威力を発揮できるのがMOUT(都市部軍事作戦)である。イラクなどで展開された市街戦は、民間人の居住する場所が戦場となるケースが多かった。そうした場所では情報がなによりも重要となり、情報を共有した部隊の連携が不可欠となる。高度に情報ネットワーク化された歩兵部隊の大きな活躍が期待できるわけだ。

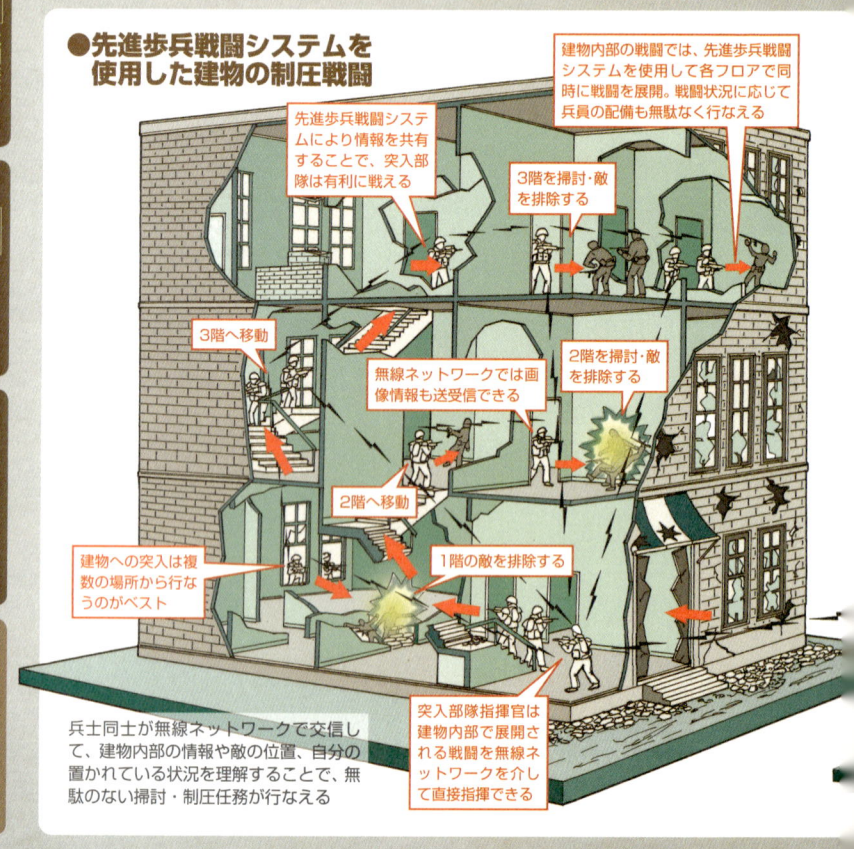

●先進歩兵戦闘システムを使用した建物の制圧戦闘

- 建物内部の戦闘では、先進歩兵戦闘システムを使用して各フロアで同時に戦闘を展開。戦闘状況に応じて兵員の配備も無駄なく行なえる
- 先進歩兵戦闘システムにより情報を共有することで、突入部隊は有利に戦える
- 3階を掃討・敵を排除する
- 3階へ移動
- 無線ネットワークでは画像情報も送受信できる
- 2階を掃討・敵を排除する
- 2階へ移動
- 建物への突入は複数の場所から行なうのがベスト
- 1階の敵を排除する
- 兵士同士が無線ネットワークで交信して、建物内部の情報や敵の位置、自分の置かれている状況を理解することで、無駄のない掃討・制圧任務が行なえる
- 突入部隊指揮官は建物内部で展開される戦闘を無線ネットワークを介して直接指揮できる

Future Infantry Equipments

●陸上自衛隊の先進装具システム

2007年に『ガンダムの実現に向けて』と題して防衛省が発表したのが、この先進個人装備システム。とはいえガンダムにはほど遠く、アメリカ軍のランド・ウォーリアーなどと同様の先進歩兵戦闘システムである。歩兵の個人装備をデジタル情報化し、高い戦闘能力と生残性を持たせ、敵に対して有利に戦おうという発想を実現するものだが、その中枢となるのがウェアラブル・コンピュータである。発表されたシステムはまだ開発段階(現在Ver.3まで進んでいる)である。
❶統合ヘルメット(無線アンテナ、赤外線LED、TVカメラ、ヘルメット・マウンテッド・ディスプレイなどを装着したヘルメット。イラストではTVカメラの上に付く赤外線LEDは付いていない) ❷ヘルメット・マウンテッド・ディスプレイ(ヘルメットに装着され、TVカメラや小銃の夜間用暗視照準サイトの映像を表示。無線ネットワークにより隊員同士が画像を含めた情報を共有でき、指揮官からのメッセージや装備システムの状況もディスプレイ上に表示される) ❸ヘッドフォンおよびイヤーモニター(通常のヘッドフォンとしての機能のほか、脈拍や体温を測定する生体モニターにもなる) ❹電子ベスト(ベストの背部にはシステムを機能させるためのLinuxとWindowsの2台のパソコンとバッテリーを収納。各装置を接続する配線が施されている) ❺夜間用暗視照準サイト(小銃にマウントされる夜間用の照準装置。画像はヘルメットのディスプレイ上に表示されるが、装置自体にもモニターが付いており通常の照準器のようにも使用できる) ❻システム・コントローラー(各装置を機能させるためのマウス。メッセージ送信もできる) ❼TVカメラ

＊ウェアラブル・コンピュータ＝身に付けられる小型コンピュータのこと。

ウェポン・サブシステムで撮影した画像は兵士全員に配信されて、ヘルメットに装着したディスプレイで見ることができる

敵発見

中隊指揮官は離れた場所から隷下の複数の小隊が展開する作戦をリアルタイムで指揮できる

CHAPTER 5

07. 先進歩兵戦闘システム(4)

究極の歩兵ソルジャー2025

歩兵用個人戦闘システムが最終的に目指すのは、電子システムによる歩兵のデジタル化、外部に対する高い機能（敵に発見されないようにする迷彩能

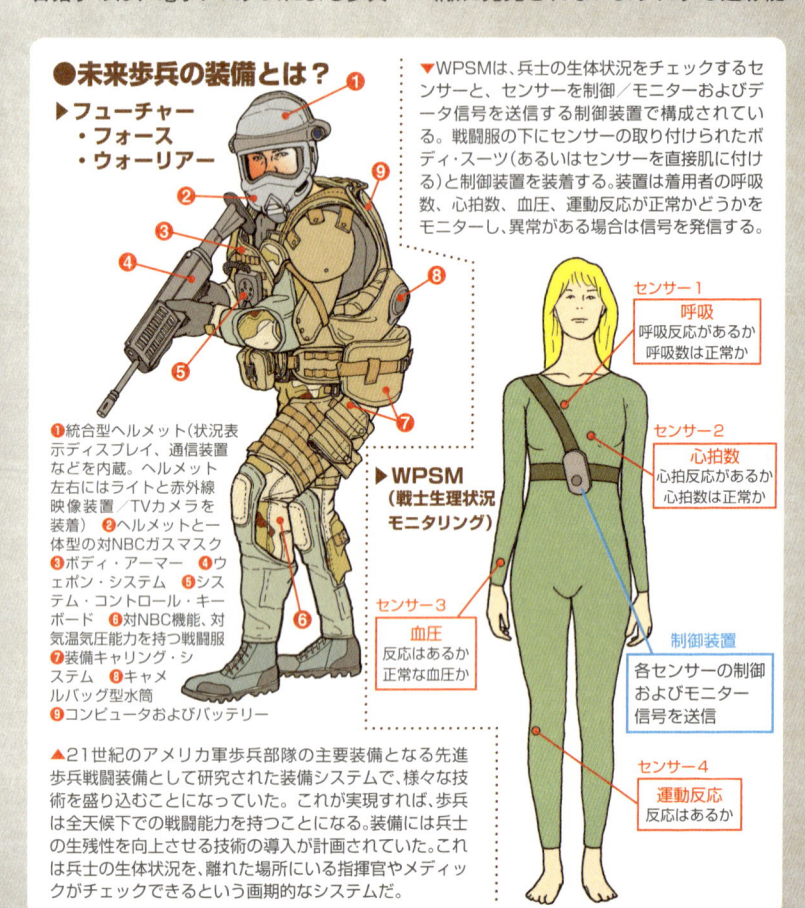

●未来歩兵の装備とは？

▶フューチャー
・フォース
・ウォーリアー

①統合型ヘルメット（状況表示ディスプレイ、通信装置などを内蔵。ヘルメット左右にはライトと赤外線映像装置／TVカメラを装着）②ヘルメットと一体型の対NBCガスマスク ③ボディ・アーマー ④ウェポン・システム ⑤システム・コントロール・キーボード ⑥対NBC機能、対気温気圧能力を持つ戦闘服 ⑦装備キャリング・システム ⑧キャメルバッグ型水筒 ⑨コンピュータおよびバッテリー

▼WPSMは、兵士の生体状況をチェックするセンサーと、センサーを制御／モニターおよびデータ信号を送信する制御装置で構成されている。戦闘服の下にセンサーの取り付けられたボディ・スーツ（あるいはセンサーを直接肌に付ける）と制御装置を装着する。装置は着用者の呼吸数、心拍数、血圧、運動反応が正常かどうかをモニターし、異常がある場合は信号を発信する。

▶WPSM
（戦士生理状況モニタリング）

センサー1
呼吸
呼吸反応があるか
呼吸数は正常か

センサー2
心拍数
心拍反応があるか
心拍数は正常か

センサー3
血圧
反応はあるか
正常な血圧か

制御装置
各センサーの制御およびモニター信号を送信

センサー4
運動反応
反応はあるか

▲21世紀のアメリカ軍歩兵部隊の主要装備となる先進歩兵戦闘装備として研究された装備システムで、様々な技術を盛り込むことになっていた。これが実現すれば、歩兵は全天候下での戦闘能力を持つことになる。装備には兵士の生残性を向上させる技術の導入が計画されていた。これは兵士の生体状況を、離れた場所にいる指揮官やメディックがチェックできるという画期的なシステムだ。

＊NBCR＝NBCにRadiological（放射性物質）を加えた用語。　＊NATICK＝アメリカ陸軍ナティック研究開発技術センター。　＊フューチャー・フォース：ウォーリアー＝現在はランド・ウォーリアーと統合したプロジェクトとなっている。　＊WPSM＝War fighter Physiological Status Monitor の頭文字。

Future Infantry Equipments

力、核兵器や生物化学兵器、放射性物質に対抗する耐NBCR能力、銃弾や破片に対する耐弾能力、高温の熱や炎に対する防炎耐熱能力など)を持つ軍用衣料による人体機能の強化、小型で強力な威力を持つ火器による戦闘能力の向上だろう。

その1つの姿が2004年にNATICKが発表した「ソルジャー2025」である。現在のランド・ウォーリアーやフューチャー・フォース・ウォーリアーは、ソルジャー2025までの発展過程であるといえるだろう。

●究極の歩兵戦闘装備ソルジャー2025

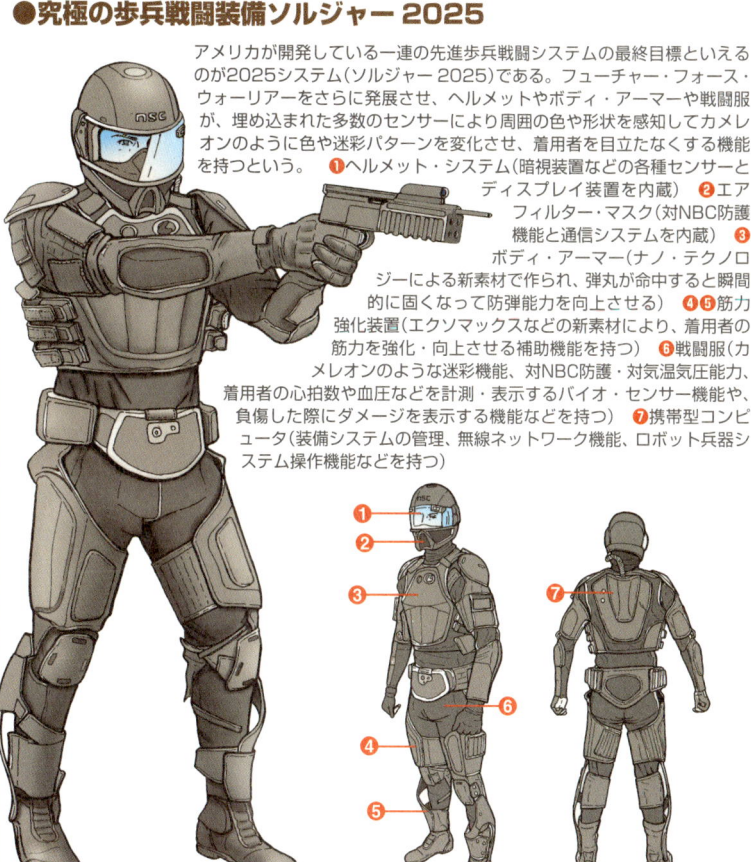

アメリカが開発している一連の先進歩兵戦闘システムの最終目標といえるのが2025システム(ソルジャー2025)である。フューチャー・フォース・ウォーリアーをさらに発展させ、ヘルメットやボディ・アーマーや戦闘服が、埋め込まれた多数のセンサーにより周囲の色や形状を感知してカメレオンのように色や迷彩パターンを変化させ、着用者を目立たなくする機能を持つという。 ❶ヘルメット・システム(暗視装置などの各種センサーとディスプレイ装置を内蔵) ❷エアフィルター・マスク(対NBC防護機能と通信システムを内蔵) ❸ボディ・アーマー(ナノ・テクノロジーによる新素材で作られ、弾丸が命中すると瞬間的に固くなって防弾能力を向上させる) ❹❺筋力強化装置(エクソマックスなどの新素材により、着用者の筋力を強化・向上させる補助機能を持つ) ❻戦闘服(カメレオンのような迷彩機能、対NBC防護・対気温気圧能力、着用者の心拍数や血圧などを計測・表示するバイオ・センサー機能や、負傷した際にダメージを表示する機能などを持つ) ❼携帯型コンピュータ(装備システムの管理、無線ネットワーク機能、ロボット兵器システム操作機能などを持つ)

第5章 未来の歩兵装備

08. 光学迷彩

究極の迷彩は透明人間

　これまで様々な迷彩服が研究開発されているが、究極の迷彩服といえるのが光学迷彩だろう。光学迷彩とは、要するに透明人間となる技術である。映画『プレデター』やアニメ『攻殻機動隊』、ゲーム『メタルギアソリッド』などではお馴染みのガジェット（小道具）だ。

　具体的には、カメレオンのように周囲の環境に合わせて色や模様が変化する特殊スーツを着用する、背後の風景を撮影して表面に画像を投影するスーツを着用する、周囲の光を透過（または迂

森林地帯では効果が高い迷彩服も、都市部ではかえって目立ってしまう。ACUなどの迷彩服の出現で都市部、森林地帯、砂漠地帯などあらゆる環境に適応できる迷彩が完成したといわれるが、視覚的に透明化してしまう光学迷彩にはかなわない。

Future Infantry Equipments

回)させて視認できなくなるような装置を使う、といった方法が考えられる。

いずれの方法も技術的に解決されなければならない問題が山積みであるが、日本やイギリスの大学、アメリカ軍の研究機関や大学などでは、本格的に光学迷彩の研究開発が進められている。ある程度の効果が実現している技術もあり、そう遠くない未来には光学迷彩服が実戦投入されるかもしれない。

1920年代にスペインで考案された「ミラー・システム」は、光学迷彩の先駆けだったといえる。充分な耐弾能力を持つ金属の表面を鏡のように磨き、それを連ねることで防弾壁を作り、敵を欺瞞しようというものだった。

●光学迷彩の原理

日本で研究が進められている光学迷彩は、背後の風景を撮影してスーツに投影して透明のように見せる方法だ。重要なのが再帰性反射材という素材で作られたスーツで、背景を映し出すスクリーンとなって着用者を背景に溶け込ませる。ただし、この方法では背景を撮影する外部カメラが必要になること、透明に見せるためにはハーフ・ミラー(見る角度によりミラーになる特殊加工がほどこされたガラス)を介して画像を見せなければならないなど、まだまだ解決すべき問題が多い。

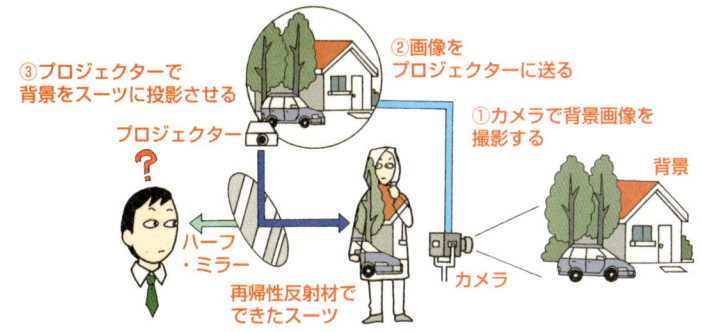

③プロジェクターで背景をスーツに投影させる
プロジェクター
ハーフ・ミラー
再帰性反射材でできたスーツ
②画像をプロジェクターに送る
①カメラで背景画像を撮影する
背景
カメラ

*再帰性反射材=入射した方向に光を反射する素材のこと。

CHAPTER 5

09. パワード・エクソスケルトン

歩兵をパワー・アシストする装置

　現代の歩兵は多数の装備を携行しなければならず、さらにアフガニスタンのように道路が未整備な地域では徒歩での戦闘行動が主体となり、兵士は重い装備を背負って長時間の行軍を強いられる。兵士の大きな負担となっている装備の重量という問題を解決するため、パワー・アシスト装置の開発は必然だったといえる。イラストのようなパワード・エクソスケルトン(強化外骨格)を着用することで、歩兵の負担は大幅に軽減されることになる。

　また、アメリカ軍はじめ各国陸軍が研究開発中の先進歩兵戦闘システムには重量増加がつきまとうが、これもエクソスケルトン着用によりクリアすることができるだろう。

イラストは、現在アメリカ陸軍でテスト中の"HULC"。電動油気圧駆動方式のエクソスケルトンで、腰と膝、足首部分のみに動力補助を与える非常にシンプルなシステムとなっている。将来的にはHULCはもっと洗練され、ボディ・アーマーやプロテクターなどと組み合わされていくであろう。

- コンピューターおよびバッテリー
- 制御装置部
- 可動外骨格部

ロッキード・マーチン社が公開しているエクソスケルトン"HULC"。自動化が進んだアメリカ軍でも、物資の積み降ろしや砲弾の運搬など人力に頼る作業は多く、それなりの人手を必要とする。兵士がエクソスケルトンを着用することで1人あたりの作業効率を上げ、少人数で作業をこなすことができる。写真のHULCは歩行用だけではなく、90キロ程度の重量物を持ち上げて運ぶことも可能だ。

第1章 小火器
第2章 戦闘装備
第3章 生存装備
第4章 特殊装備
第5章 未来の歩兵装備

Future Infantry Equipments

制御装置部

制御装置部は、外骨格部を動かす油圧シリンダーの延び縮みのコントロールと着用者の体の動きを感知するセンサーの機能を持つ。イラストはカバーが付いた状態だが、内部には左右の外骨格部それぞれの制御装置があり、体の動きに合わせて可動装置自体が独立して動いてバランスを取る。

コンピュータおよびバッテリー

背中のバックパックのフレームに、装置を動かす電源(リチウム・ポリマー・バッテリー)と着用者の体の動きを感知して外骨格可動部を動かすための小型コンピュータが設置されている。バッテリーは72時間の連続運転を目指しているが、今のところ2時間程度しか稼働できない。現時点でコンピュータの小型軽量化はかなり進んでいるが、バッテリーが10キロ前後あり、小型軽量化に課題が残る。

可動外骨格部

着用者の体の動きに合わせて実際に可動する部分で、電動油気圧で駆動する。HULCは人間の歩行をアシストするものなので、足の動きに追従して動く。装置全体の重量は約25キロ。HULCを着用すると90キロの荷物を背負って最大時速16キロの速さで歩行できるとされる。歩き方は通常の歩行とは異なり、装置が体に合わせて動くというより、体を装置に合わせて動かす感覚(慣性の働き方が異なるため)なので、装置を着用しての歩行訓練が必要になる。

●HULCの特徴

＊エクソスケルトン(exoskeleton)=外骨格。昆虫や節足動物のように、体表にあって体を支える甲殻のこと。人間のような脊椎動物の骨格は内骨格(endoskeleton)である。　＊HULC=Human Universal Load Carrierの頭文字。アメリカンコミック「超人ハルク(The Hulk)」をもじったネーミングといわれる。

CHAPTER 5

10. XM8戦闘ライフル・システム

先進的なアサルト・ライフルだが

アメリカ軍では、現行のM16アサルト・ライフルに替わる新しい戦闘ライフル・システムの開発が進められている。そのうちの1つが、ドイツのH&K社が開発したXM8である。未来的な外見を持ち、強化プラスチックなどの新素材が多用されているのが特徴だ。成形の自由度が高い新素材を使うことで、XM8は反動が小さく銃口の跳ね上がりが少なくなり、フルオート射撃でも命中精度が極めて高いという。実際に、他のライフルとの信頼性比較テストでも最優秀の成績を収めている。

しかし、現場の特殊部隊からの反発や政治的な介入などにより、アメリカ軍でのXM8の採用は中止となっている。

●XM8軽量モジュラー・ウェポン・システム

多機能先進サイト・モジュール
（ドット・サイト式赤外線ポインター、赤外線照射装置、4倍光学サイトで構成）

レシーバーの両側に安全装置／射撃モード切り換えレバーがある

特殊な工具なしに素手でピンを抜き、パーツをはめ込むだけでバレルやストック部を交換できる

5段階の伸縮可能なバット・ストック
（取り外し可能）

M16アサルト・ライフルのようなリュングマン式ではないので、燃焼ガスなどで銃内部が汚れない。そのため連続2000発の射撃を行なっても銃のクリーニングを必要としない

両側から操作できるマガジン・リリース・レバー

第1章 小火器
第2章 戦闘装備
第3章 生存装備
第4章 特殊装備
第5章 未来の歩兵装備

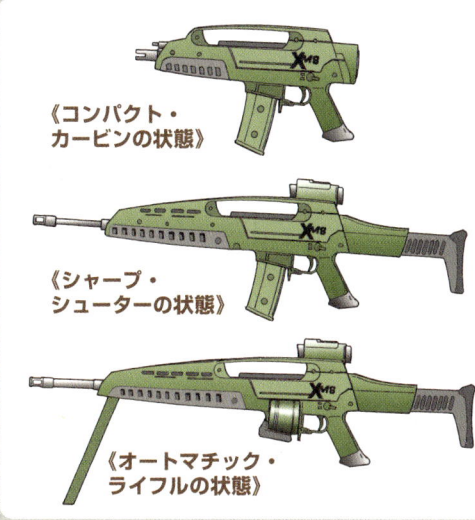

Future Infantry Equipments

●XM8の「七変化」

XM8の大きな特徴は、5.56ミリNATO弾を発射する発射機構部はそのままに、バレルやストックなどを交換することで、近接戦闘向きのコンパクト・カービンから通常戦闘用のアサルト・ライフル、分隊支援用のオートマチック・ライフルまで状況に応じて使い分けられるモジュラー・ウェポン・システムであることだ。また銃身下部には40ミリ・グレネード・ランチャーや12ゲージ・ショットガンが工具なしで装着できる。銃が軽く反動が小さいので、片手でフルオート射撃ができるという。

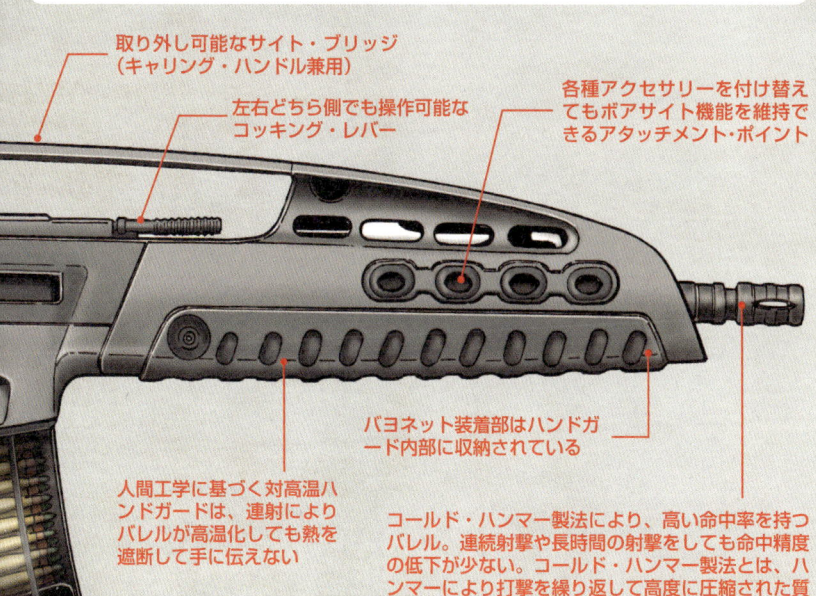

《コンパクト・カービンの状態》

《シャープ・シューターの状態》

《オートマチック・ライフルの状態》

- 取り外し可能なサイト・ブリッジ（キャリング・ハンドル兼用）
- 左右どちら側でも操作可能なコッキング・レバー
- 各種アクセサリーを付け替えてもボアサイト機能を維持できるアタッチメント・ポイント
- バヨネット装着部はハンドガード内部に収納されている
- 人間工学に基づく対高温ハンドガードは、連射によりバレルが高温化しても熱を遮断して手に伝えない
- コールド・ハンマー製法により、高い命中率を持つバレル。連続射撃や長時間の射撃をしても命中精度の低下が少ない。コールド・ハンマー製法とは、ハンマーにより打撃を繰り返して高度に圧縮された質の高いスチールでバレルを造り出し、バレル内側表面にハード・クロム・メッキを施したもの

第5章 未来の歩兵装備

CHAPTER 5

11. XM29 OICW

新世代歩兵用ライフルは失敗作

　アメリカ軍の新世代歩兵用ライフルとして、1990～2000年頃まで開発されていたのがOICW(個人戦闘火器)XM29だ。これは5.56ミリ・ライフルと20ミリ・グレネード・ランチャーを一体化させ、FCS(火器管制装置)で制御するという高性能ガン・システムだった。FCSには昼夜間使用可能な照準装置や多機能マイクロ・プロセッサーを内蔵し、CCDカメラを兼ねた銃のサイトで捉えた画像をヘルメットのバイザーに投影したり、他の隊員に送信することができる。

　だが、サイズや5.5キロの重量(装弾状態では8キロ以上)など様々な問題から、2004年にOICW計画は中止となっている。

▼OICW初期型

《OICWの弾薬》
- 20ミリ・グレネード弾(HE弾)
- 20ミリ訓練弾
- 5.56ミリ・ライフル弾

FCS(レーザー・レンジファインダーや弾道計算を行ない、目標を正確に照準できる)
20ミリ・グレネード・ランチャー銃身
火器管制装置スイッチ(左から視察チャンネル、信管設定、視察倍率、ドット設定)
バット・ストック(バッテリー収納部)
20ミリ・グレネード弾マガジン
5.56ミリ・ライフル銃身
5.56ミリ弾排莢部
20ミリ/5.56ミリ・セレクトレバー
5.56ミリ弾マガジン

◀OICWグレネード弾のモードの一例
空中爆発モード
瞬発モード

　20ミリ・グレネード弾は、瞬発モード(固いものに当たった瞬間に爆発する)、空中爆発モード(目標上空で爆発する)、遅発モード(目標物の表面を貫通後に爆発する)、ウィンドゥ・モード(レーザーで測定した目標を通過後、射手の指定した距離で爆発する)の4つのモードで発射できる。モードの選択はFCSで行なって、グレネード弾の信管にインプットされる。また発射時の衝撃も小さく、コントロールしやすかったという。アライアント・テックシステムズ社が開発。

*OICW=Objective Individual Combat Weaponの頭文字。　*FCS=Fire Control Systemの頭文字。　*OICW計画は中止=XM29のライフル部分(H&KのG36の機構を採用)を設計し直して開発されたのがXM8戦闘ライフル・システムである。

● 主要参考文献

『コンバット・ウェポンズ・イラストレーテッド』(ホビー・ジャパン)
『最強軍用銃 M4カービン』飯柴智亮 (並木書房)
『アンダーグラウンド・ウェポン』床井雅美 (日本出版社)
『AK-47&カラシニコフ・バリエーション』床井雅美 (大日本絵画)
『図説 世界の銃パーフェクトバイブル』1〜3 (学習研究社)
『ファイアパワー 銃火器』Part1〜2 (同朋舎出版)
"SURVIVAL"(DAVIT & CHARLES)
"COMBAT"(CHARTWELL BOOKS.INC)
"GUNS OF THE ELITE" GEORGE MARKHAM (ARMS & ARMOR)
"MILITARY SMALL ARMS OF THE 20th CENTURY" IAN V. HOGG/JHON S. WEEKS (Krause Publications)
"U.S.ARMY Sniper Training Manual TC23・14"
"FIELD HYGIENE AND SANITATION FM21-10"
"Tactical Field Kitchen TFK 250"(KÄRCHER)
"RIFLE MARKSMANSHIP M-16/M4-SERIES WEAPONS FM3-22.9"
"Soldier Evolution | System Solutions"(PROGRAM EXECUTIVE OFFICE SOLDIER)
"Uniformen"(Bundeswahr)

● 参考ウェブサイト

Department of Defense、U.S. ARMY、NATICK、U.S. MARINES、British Army、BLACK DIAMOND、Tasmanian Tiger、SAFRAN、GENTEX、NAVISTAR DEFENSE、BOEING、LOCKHEED MARTIN、NORTHROP GRUMMAN、FNHUSA、ACCURACY INTERNATIONAL LTD、ORARA SENSOR SYSTEMS、CAMERO、HARRIS、Point Black BODY ARMOR、MSA、防衛省

[著者] **坂本 明**（さかもと あきら）

長野県出身。雑誌『航空ファン』編集部を経て、フリーランスのライター＆イラストレーターとして活躍。メカニックとテクノロジーに造詣が深く、イラストを駆使したビジュアル解説でミリタリーファンに広く知られる。著作に『最強 世界の潜水艦図鑑』『最強 世界の軍用ヘリ図鑑』（学研パブリッシング）、グラフィックアクションシリーズ『世界のミサイル・ロケット兵器』『最新兵器戦闘マニュアル』『未来兵器』（文林堂）、『戦う制服』（並木書房）など多数。現在、『コンバットマガジン』（ワールドフォトプレス）、『歴史群像』（学研パブリッシング）でも連載中。

最強 世界の歩兵装備図鑑
2012年9月18日 第1刷発行

著者：坂本 明
デザイン・DTP：株式会社エディング

発行人：脇谷典利
編集人：南條達也
編集長：星川 武

発行所：株式会社 学研パブリッシング
　　　　〒141-8412　東京都品川区西五反田2-11-8
発売元：株式会社 学研マーケティング
　　　　〒141-8415　東京都品川区西五反田2-11-8

印　刷：岩岡印刷株式会社
製　本：株式会社難波製本

[この本に関する各種お問い合わせ先]
●電話の場合　◎編集内容については　　　　　　　　Tel：03-6431-1510（編集部直通）
　　　　　　　◎在庫、不良品（落丁、乱丁）については　Tel：03-6431-1201（販売部直通）
　　　　　　　◎学研商品に関するお問い合わせは　　　Tel：03-6431-1002（学研お客様センター）
●文書の場合　〒141-8418　東京都品川区西五反田2-11-8
　　　　　　　学研お客様センター『最強 世界の歩兵装備図鑑』係

©AKIRA SAKAMOTO　2012　Printed in Japan
・本書の無断転載、複製、複写（コピー）、翻訳を禁じます。
・本書を代行業者等の第三者に依頼してスキャンやデジタル化することは、
　たとえ個人や家庭内の利用であっても、著作権法上、認められておりません。
・複写（コピー）をご希望の場合は、下記までご連絡ください。
　日本複製権センター　http://www.jrrc.or.jp　E-mail:jrrc_info@jrrc.or.jp　Tel:03-3401-2382
　R〈日本複製権センター委託出版物〉

[学研の書籍・雑誌についての新刊情報・詳細情報は下記をご覧ください]
学研出版サイト　http://hon.gakken.jp/
歴史群像ホームページ　http://rekigun.net/

── 学研の本　好評発売中 ──

決定版 第二次大戦 激戦FILE99

太平洋戦域からヨーロッパ戦域まで戦史に残る死闘99を多数の写真をまじえてわかりやすく解説！

■主な内容
[太平洋戦域 前期:日本軍の進撃] パールハーバー奇襲ほか [太平洋戦域 後期:連合軍の反攻と日本の敗北] 硫黄島の戦いほか [ヨーロッパ戦域② 西部戦線] バトル・オブ・ブリテンほか [太平洋戦域 中期:膠着] ミッドウェー海戦ほか [ヨーロッパ戦域① 東部戦線] モスクワ攻防戦ほか [ヨーロッパ戦域③ 地中海戦線] タラント空襲ほか

白石 光［著］

B6判・240ページ(オールカラー)
定価**600**円(5%税込)

決定版 世界を変えた 兵器・武器100

弓、刀剣、銃、大砲、軍艦、戦車、無人機……
古代から現代までの世界の兵器・武器を収録！

■主な内容
第1章 古代 投槍／弓／チャリオット／三段櫂船ほか 第2章 中世 ランス／ギリシア火／火薬ほか 第3章 近世 ハルバード／パイク／マッチロック銃ほか 第4章 近代 ドライゼ銃／ミニエ弾／ガトリング銃ほか 第5章 第一次世界大戦 ソナー／Ｍｇ34／Ｓマインほか 第6章 第二次世界大戦 ドレッドノートほか 第7章 現代 AK47／ノーチラス／UH1ほか

松代守弘／桂 令夫［著］

B6判・240ページ(オールカラー)
定価**600**円(5%税込)

コンビニ・書店で絶賛発売中!!

Gakken

── 学研の本　好評発売中 ──

Gakken Mook　CARTAシリーズ

完全保存版

戦艦「大和」の真実

悲劇の"不沈艦"の全生涯

◎まんがでわかる・戦艦「大和」
◎おれと戦艦「大和」松本零士インタビュー
◎完全再現！「大和オムライス」
ほか企画満載!!

日本人なら知っておきたい空前の巨大戦艦の誕生、戦い、そして最期。

大好評！
たちまち3刷

A4変形判・112ページ／定価 **750**円（5%税込）

Gakken

──── 学研の本　好評発売中 ────

名銃の迫力ある実射映像をDVDに収録！

世界の銃 BOOK&DVD 歴史編

別冊付録 DVD 約60分

絶賛発売中!!

■DVDに収録した主な銃■
ブラウンベス／コルト・ドラグーン／コルトSAA／マウザーKar98k／M1ガランド／ガバメントM1911／M16ライフル／グロック17／FN SCAR

■誌面の主な内容■
【銃の実験室】
軍用銃対決！
M4カービン vs. AK-47
ハンドガン対決！
S&W M66 vs. ベレッタM92FS
【銃の発達史】
プロローグ／第1章 先込め式から元込め式へ／第2章 弾薬と連発式の誕生／第3章 自動化への道／第4章 現代銃の形成／エピローグ

A4変型判・本文80ページ・別冊付録DVD／定価**1995**円（5%税込）

ダイジェスト版を YouTube と 歴史群像PRESENTS 学研アジタル歴史館 で公開中!!

Gakken

学研の本　好評発売中

待望のオールカラー兵器図鑑!!

最強 世界の軍用ヘリ図鑑

飛行原理、構造、武装…
"奇妙な航空機"のすべて！

イラスト・解説／坂本明

「なぜ空中で静止したり、好きな方向に動けるのか」「軍用ヘリにはどんな種類があるのか」等の基礎知識から、構造、操縦法、装備、戦い方まで、様々な知識が得られる雑学パートと、世界の主要＆変り種軍用ヘリFILEからなる画期的なオールカラー軍用ヘリ図鑑！

B6判・238ページ（オールカラー）
定価**600**円（5％税込）

最強 世界の潜水艦図鑑

構造、乗員、戦い方…
"沈黙の刺客"のすべてを超図解！

イラスト・解説／坂本明

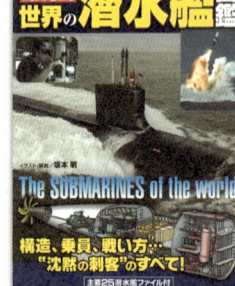

「なぜ浮いたり沈んだりできるのか」「どこまで深く潜れるのか」といった基礎知識から、構造、魚雷等の兵器、戦い方から乗組員の任務と生活まで、さまざまな知識が得られる雑学パートと、世界の歴代主要潜水艦ファイルからなる画期的なオールカラー潜水艦図鑑！

B6判・246ページ（オールカラー）
定価**600**円（5％税込）

コンビニ・書店で絶賛発売中!!

Gakken